All the slack

You cut

Will come back

And bite you

所有偷过的懒，
都会变成打脸的巴掌

周立超——

著

SPM 南方出版传媒　广东人民出版社

· 广州 ·

图书在版编目（CIP）数据

所有偷过的懒，都会变成打脸的巴掌 / 周立超著 . — 广州：
广东人民出版社 , 2018.1
ISBN 978-7-218-12172-7

Ⅰ．①所… Ⅱ．①周… Ⅲ．①成功心理—通俗读物
Ⅳ．① B848.4-49

中国版本图书馆 CIP 数据核字（2017）第 261014 号

Suoyou Touguo De Lan Douhui Biancheng Dalian De Bazhang

所有偷过的懒，都会变成打脸的巴掌

周立超　著

出 版 人：肖风华

责任编辑：马妮璐
装帧设计：WONDERLAND Book design
　　　　　仙境 QQ:344581934
责任技编：周　杰　易志华

出版发行：广东人民出版社
地　　址：广州市大沙头四马路 10 号（邮政编码：510102）
电　　话：（020）83798714（总编室）
传　　真：（020）83780199
网　　址：http://www.gdpph.com
印　　刷：北京时尚印佳彩色印刷有限公司
开　　本：787mm×1092mm　1/32
印　　张：8　　字　　数：150 千
版　　次：2018 年 1 月第 1 版　2018 年 5 月第 2 次印刷
定　　价：39.80 元

如发现印装质量问题，影响阅读，请与出版社（020－83795749）联系调换。
售书热线：（020）83795240

目　录

第
一
章

I

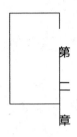

第二章

连自己都做不好，你在这世界还可以干什么　　037

别把掌声让给比你更差的人

第四章

要努力，但不要着急   109

人这一辈子，最不该委屈自己 137

第
六
章

你的努力不应该是将就，该是讲究 175

第 七 章

靠谁都不好，靠自己最好

211

每一条路都是公平的。

因为它让别人也跟你一样，必须前进。

第一章

已在前进的你，
早已没有返途的理由

你不努力，
谁也给不了你想要的生活

你比她们努力，可是为什么她们的生活比你光鲜、靓丽？她们的朋友圈总是各种旅游，各种美食，可你的朋友圈，却只是各种平庸、各种难熬。

抱怨虽然解了一时之气，但始终无法将事实解释清楚。事实上，她们的日子过得就是比你光鲜，就是比你靓丽。事实上，她们就是不需要努力，就能找到一份好工作。或者因为有关系，或者因为运气。

A

我有个朋友最近被炒鱿鱼了。

她大学毕业不久，刚进入工作状态就被开除了。然而，事情的发展却出乎意料，她的领导——财务主管，居然再一次戏剧性地录用了她。

她很开心，想把这份喜悦分享给自己的男朋友，所以，她决定发短信给他。

可是，她男朋友并没有回复她，她也没抱什么希望。她知道，她男朋友基本不回这种带有傻白甜喜悦的短信。等了好一会儿，他果然没回。

几天后，她男朋友终于愿意开车载她去上班了。她平常会在他耳边叽叽喳喳说个不停。

车内。她问：你会不会觉得我很啰唆？

他开车，眼睛看着前面的路，面无表情地回：太啰唆了。

她很伤心，原来他一直觉得她很烦。之前还听他说过，说她平常说话非常刻薄，有时候又傻白甜。也许，这次差点被炒，可能是因为她说话太刻薄了。

偶然的机会，她终于听说了上次差点被炒的原因。

原来，大老板从外面回来，看到了入职登记表突然说，招两个会计干吗？一个会计就足够了。

公司的入职登记表上，有一个栏目要求填写家庭关系及联系电话。表上清楚地写着，小F的爸爸是著名企业碧桂园的营销事务经理。没想到，他爸爸一年十五万到二十万的高年薪，此时却有意无意地庇护了小 F。

所以，被开除的人，不是小 F，而是她。

过了两天，财务主管发现她这两天并没上班，打卡器也没她上下班的记录，才问了别人，原来自己刚请回来的下属已被大老板开除。

原来公司近期扩展了一块业务。这块业务一直在紧张地进行中，财务主管脱不了身，所以才打破大老板口中的只招一名会计的惯例，转而向管理层申请招聘两名会计。恰巧，大老板那段时间一直没在公司。

看到这里，可能大家都会问，我朋友跟小 F 明明是同一个层次的会计，可为什么得到的待遇，却有那么大的差异?

其实一点儿不复杂，社会竞争很残酷，也很无奈。

现实听起来真的很扎心。但是，如果你依然认为小 F 能有今天，全是小 F 父亲铺的红地毯，也只能说明你是脆弱的。甚至可能是因为你没能力，也可能是因为你仇富。好听点的，很可能是因为你彻头彻尾的不甘心。

你真的不甘心，也可以，确实也有很多人不甘心。但依旧有许多人不需要努力，就能轻易入手一套房产。而你苦苦追求，却追求不到，这也可以说明你是脆弱的。

　　面对富二代很容易就能找到漂亮的女朋友，你是选择骂那个女的，还是选择骂那个男的？你以为他是花费了很多钱才能跟她在一起的吗？有人说女性变成了商品，但这些女性想要得到的只是一份稳定的生活而已。如果你因为她跟有钱人在一起而骂他，或者骂她，只能说明你的脆弱，说明了你的不甘心。

　　现在，我们还来得及。我们不要管别人，管好自己的现在，便已足够。对那些过得比你更加省力、更加光鲜的人，你不能只是看不过眼，你还可以选择承认这是普遍存在的现实。

　　如果你承认不了这个现实，现实与梦想之间的落差也许会让你的生活会过得更差。

　　换个说法解释一下这个现实，也可以这样说：其实，不公平也可以是一件好事，因为这样，我们才不得不更加努力。

　　只有在我们愿意相信和愿意承认这个现实、事实之后，我们得到的，才是轻松的、愉快的。

B

　　你很不起眼，可能不起眼到连上帝给你的人设也是非常普通的：

　　身材说肥不肥，说瘦不瘦，颜值还非常普通。

你喜欢的偶像，别人也喜欢过。

你参加过的认为超级赞的演唱会，别人也参加过。

你旅游去过的地方，别人也去过。

你平常勤苦学习或勤恳工作的时候，别人也在你旁边与你一起奋进。

你的努力赶不上别人的脚步……

但我们，绝不能因为自己的进步慢，而变得颓废。我们一无所有，这是我们努力的理由。千万不要嫉妒那些毫不费力就能得到所有的人。

上帝永远垂青的第一名的姑娘，她一定是很温柔、很善良、很美好的。

忙着妒忌别人的幸福，又认为别人不配拥有这一切。这时候的你，应该静下心来想想，你是不是忘了幸福的本质。当然，你真的应该接受这世上一切的不公平。

接受可能需要一个过程，但忆起初衷，却只需一份宁静。当初，你为的可能只是一份幸福。你所追求的幸福，是拥有一份自己努力从事的工作，是买得起自己真心喜欢的东西，是去得了自己一直想去的地方……你不会因为任何人的来或者去，也不会因为任何事情的发生和结束，而损失掉生活的质量。你花的每一分钱，都底气十足，说的每一句话，都心安理得。

我们如此向往自己所认为的幸福，可却没能控制好自己努力时候的情绪。难道你就不认为是情绪连累了你吗？你明明比他们更努力，甚至比他们更优秀，可事实上，你依旧输给了他们。因为他们早已过着你非常羡慕的生活。无论你骂他们，或者妒忌他们，也只能再一次说明，你是脆弱的。

但可能，你的情况跟别人不一样。因为与你真正交心的朋友，他一定能够明白并关心你的情绪。甚至，他会用另外一种说法，将你的不甘心这么诠释：

在现今的社会，你的发达，必定是因为你的实力，因为你的努力。

没有比较，就没有伤害。那些朋友圈等社交媒体的动态，总是各种旅游、各种美食、各种时尚、各种娱乐……你一旦深入地比较，只会让自己更加伤心。因为，他们总是在朋友圈里过着各种别人羡慕的生活，住着各种别人羡慕的别墅，拍着各种别人羡慕的美照，亲着各种别人羡慕的男（女）朋友，还用着你千辛万苦才能买回来的iPhone……

如果想深一层，其实……

你不是他们，因为你没有金银财宝……

你不是他们，因为你没有豪车又没有男朋友……

你不是他们，因为你就连买一部新品 iPhone，也要过上两三个月的萧条生活……

情人节的时候，别人在那里笑，你却在那里哭……

人生有些无奈。总有些人总是比你生活得更加省力，更加光鲜。

甚至，某年某月的某一天，别人会用一张女神的脸，踏着又高又漂亮的高跟鞋，从一辆豪车推门下来，嘲笑眼前正沮丧的你。

这时候，你只有自己坚强，要相信脚下的路还长。

你的努力，
终将成就自己

学习吧，要么就不懂数学，要么就不懂英语。

恋爱吧，男（女）朋友又对自己不好。

工作吧，工作又做不来。

其实，去到哪里，都有困难。

你眼前的阴影，是因为你背后的阳光……

A

一个朋友，是做销售的。

销售这个岗位，有个特点：工作内容非常丰富。甚至有的时候，公司会组织所有的销售，到规定的场地进行拓展训练。

而拓展训练之前的那段时间，公司业务非常繁忙。原定于五月十六号的拓展训练，却因连绵的大雨而不得不推迟数日。然后，又因业务繁忙，公司不得不将原本三天的拓展训练，改成一天。减少了两天的拓展训练，她非常高兴。

拓展训练之后，她遇到了一名很难搞的客户。因为客户要下的订单比较大，所以给出的要求比较多。可偏偏，她却老是推迟："我只是销售，这些涉及服务质量的，和我没什么关系。"虽然，这次的要求对做销售的很有难度。可是，她怎么也不能落下这单，因为这会让公司损失很多。

不难看出，她一直是在回避困难，并为困难的不到来，而感到庆幸：拓展训练虽然跟军训一样非常艰辛，但也不能因为三天的训练改成了一天，从而错过了磨炼意志与锻炼身心的最好训练吧！

那次的订单虽然要求很多，但也不能因为要求过多而推掉，也不能错过了获得巨大提成的机会。

不知道你有没有想过，其实无论什么事情，都有困难。要求自己必须要得到某样东西，却不能要求自己同等地付出，世上哪来的这么大便宜？参加工作了，想要赚大钱又想少付出一些劳动，这真的符合情理吗？如果你真的这样想，唯一合情合理的就是，你是一个不愿意面对困难、贪图安逸的人。不要企图为自己的安逸寻找辩解：你放弃了锻炼自己的机会，你还有理了？你放弃了一个巨大提成的机会，你还有理了？

记得大学的时候，很多的同学都更加愿意躺在床上玩手机，或者玩电脑。当时，也许你会认为当时的选择是正确的。深想一层的话，那种超级堕落的学生，其实是在逃避进取，逃避困难。因为只有做"躺在床上玩手机"的事情，你才不会遇到困难。因为只有一直在颓废，你才不会遇到困难。而没遇到过任何困难的你，就只会越来越差，越来越不起眼。

只有选择了安逸的环境，才能造就你安逸死的情况。

在别人眼中，你的大学生活可能非常轻松、非常快乐。但你如果在应该奋斗的年纪选择了安逸，你还会认为你所谓的努力是有价值的吗？

事业有成的想象放在不愿意努力的你的身上，那就是幻想、痴想，就是不切实际的自以为是。

不管你想从事什么行业什么岗位，都也一样会有困难。不管你是学习哪个专业，也总有困难等着你。就算你翻阅一本别人说的好书，想体验一下别人说的好，你也可能会遇到你非常不想阅读的一页。你选择不继续阅读，那你就无法体验别人说的好，同时也违背了自己当初翻阅这本书的初衷。

当你站在一个分岔路的路口并且面临选择时，如果你更愿意选择比较简单比较轻松的路，很自然就会被社会淘汰。这种自然的筛选，会将一些不配努力的人成功地筛掉。马云曾经是一家国企的高管，但如果他当时没有选择自己非常渴望尝试的互联网行业，马云会有今天吗？

所有的梦想，都不会在我们睡一觉醒来之后自动实现。

那我们该怎么办呢？

很简单。

既然想，就去做！

B

命运很神奇，没有人可以知道，开了挂的人生会长成什么样。

我们都没有这种命，但也没必要羡慕他。这个世界最公平的就是，每个人都可以通过自己的努力去决定未来的生活。生活不是游戏，那是真枪实弹的战场，当初糊弄过去的东西，总有一天会变成打脸的巴掌。

一如你曾经的懒惰，给如今的自己添加了无数的障碍。

躺在床上，就不会有任何困难了。如此安逸的环境，只会让人安逸疲劳。时间拖得越久，你就越容易成为别人眼中没救的人。

若不将躺在床上进行安逸死的时间，抽出来创造自己想要的生活，那你最终将不得不花费大量的时间来应付自己不想要的生活。

没有人，喜欢整天躺在床上。

谁愿意花大量的时间，去应付床上一个小小的世界。

如果你真有躺在床上度过了一天的经历，真应该这样想想：遇到困难，其实也是一件好事。这说明你曾经前进过，只是在前进的时候遇到了障碍物，需要你想办法起身，然后再次前进。时间和生活的神奇之处，就在于我们沿途为之付出的辛苦，都会在前方的某个转角变成绽放的鲜花和掌声，而那些苦只要少吃一个，可能就没有今天的你。

因为在吃过许多苦、经历过许多煎熬后，你所积蓄的能量会像阳光一样，驱散你前行路上所有的阴霾，让你和那个真正想成为的自己欣喜相逢。

选择积极、阳光的心态，不要害怕你眼前的困难。因为困难像是一个弹簧，你弱它就强，你强它就弱。世上所有的人都会遇到这个弹簧，只是会有部分的人，经不住困难的考验，所以被弹了回去。而有一些人，去耐心思考、专心研究，越来越强，直到压弯了困难。

生活中，有人想练字，规定自己每天练习二十个字。如果练书法的日子持续下去，总有一天会因为累了，或腻了，或烦了，而不想练了。坦白说，在他想要放弃的时候其实会有两个选择：如果继续，两三年之后可能会成为书法家。就算真的当不了书法家，至少也大大提高了自己的书写水平。如果放弃，那么他之前花费的时间，几乎是对生命的一种浪费。

反正写来写去都学不到什么，还不如将练字的时间用来做其他有价值的事情。

人生在世，难免会有部分人浪费时间、浪费生命，但只要你认真地把生活过得好一点，也许已将差劲的自己，不知不觉提升到某个高的层次。当你失去了努力的动力，又想把生命过得更加实在，不用怕，其实你眼前的阴影，是因为你背后的阳光。你背后的阳光，是你努力的源泉。

已在前进的你，
早已没有返途的理由

上帝为你关上一扇门，也会为你打开一扇窗。不相信上帝的人，在吃了闭门羹之后，他不会像你一样拼命地去寻找上帝刚开的另一扇窗。

虽然翻越一扇窗比较辛苦，但至少翻越窗户的你，还在路上。

只要你绝不后退，终点早晚在你的脚下。

A

前段时间春节放假回家，家庭聚会上跟表妹聊天，她问我有没有好工作可以介绍。我问，你不是有工作吗。她说，工作很不顺利，领导安排给她的工作任务太难了，她没法完成。

我反问她："那其他同事也很难完成工作吗？"

　　她说："这倒没有。"

　　这一刻，我的内心真想说：别说这种傻话了。在这家公司遇到了困难，就想换另一份工作？很多问题，不是换了一份工作就能解决的。而能不能解决这些问题，还要看你是不是一个勇于面对困难的人。如果只是一味地成为想要躲避一切不愉快的人，那只会让自己越来越倒霉，越来越不顺利。

　　工作，肯定没有一帆风顺的。谁不是克服困难之后才走过来的？

　　现在来一个大众一点的假设，绝大部分的人都会遇到类似的这个问题：如果你写不好文案，还将这些很差的文案拿给领导，一般都会吃到领导的闭门羹；如果因为工作需要，而你不得不写一份线上策划的时候，你却不会写。这时候，如果你想从文案策划晋升至策划总监，肯定是没可能的。

　　职场中，晋升考核是每个人梦寐以求的机遇。可这并不是你认为的，只要工作做久了就会自动升职。晋升需要争取，需要学习，需要努力，需要收获。难道你真的以为会让能力不足的你自动晋升，还双手奉送一个月入过万给你？

　　通过这个假设，我们能得出一个道理：如果你想前进，必定会遇到困难。习惯将人生想得太美好的你，应该好好规划自己的职业生涯。

如果仅仅因为领导分配的工作很有难度，而跟我表妹一样想着离职，这类似于换个舒适的地方睡一觉，会让人对你产生误会：这不是遇到困难就想退缩了吗？

就算只是一名一年级的小学生学习一年级的数学，那也要学会加法的他才能解决一些加法带来的难题。一名刚上一年级的学生，全是一张空白的纸。刚刚步入校园的时候，他们对加减乘除全是不懂的，但如果他们想在一张数学试卷上考得出一张好成绩，课程里的加减乘除，想必早已成为他们迈向前方的障碍。用得好，日后也会成为他们成功的垫脚石；用得不好，可能会成为绊脚石。

你本来就脆弱，但别不堪一击。只有让自己更加坚强，踏出的每一步，才会是比较坚定的步态。既然是前进，就要有前进的样子，就要有前进的决心，至少也要有前进的方向。没有方向的路，不是路。

走别人的路让别人无路可走的魄力，更是这时候的你无法体会的。这种更深层次的"竞走比赛"，更不是谁都可以享受的赢家的喜悦。

要努力，就必须要有方向。有了方向的努力，便如稳稳地走在一条大路上。而你前方的路是否满是迷雾，这取决于你方向的精准性。方向越坚定，你就越不会迷茫。既然不迷茫，前方就越没有迷雾的存在。路上的脚印越是深沉，你踏出的每一步就越是坚定。

坚定地朝向你该上的路，然后突破重重的路障，终点早晚会在你的脚下。

B

突然有个很有价值的问题：你是在一年里过了不同的 365 天，还是将一天重复了 365 次？

假设，你的这一天只是听听课，然后在空余的时间玩玩手机，跟闺蜜聊聊异性。那么，你的这一年里，是不是将一天重复了 365 次？

好吧。算你高档点。现在把问题提升一个档次：假设，你的这一天只是如常工作，然后在空余的时间里看看电视剧，甚至跟男朋友亲昵亲昵。那么请问，你的这一年里，是不是将一天重复了 365 次？

我们要学会让自己成长，不要只是一成不变。如果未来的你，依然只是今天的你，岂不是已将大量光阴浪费在你不值一提的琐事里了？因为你的单词库存量还是一年前的单词库存量，因为你的能力还是一年前的能力。

　　一成不变的你，若变的只是年龄，徒增的岁月才是你最大的损失。还有你的青春呢？你疯狂过吗？你提起过勇气去改变这些现状吗？如果一年后的你，银行里面的存款依然只是两位数而已，那你今年真的是白活了，你的人生很可能就败在你的不进取上。

　　有一句话说得好，只要路是对的，就没有到不了的前方。有了方向，只要你绝不后退，你必定已在前进的途中。

　　人，不可能永远停留在一个点上。原地逗留是最严重的一种浪费生命。估计没有人愿意一天到晚只躺在床上，然后不断地在一年的时光里重复地度过类似的三百六十五天。

　　停在原地，顶多只是休息。

　　理论上虽然如此，但事实往往没有想象的那么美好。这社会存在一些永远瘫痪在同一个点上的人。有些人，她的高数挂了，那，就是真的挂了。她这么一挂，是连补考和毕补也一样挂了的。这种挂，是一挂到底的挂。

　　好吧，如果你高档点，我就再换一个假设。你真的愿意做一辈子的前台，你甘心吗？你真的愿意做一辈子的小会计，你甘心吗？你真的愿意一辈子只拿三四千的薪资，你甘心吗？

既然不甘心，为什么你不挺起胸膛前进？

你努力生活，不是为了改变世界，而是为了不让世界改变你。世界，是现存的一个现状。你没钱吃不了饭，你就必须得为一顿饭而花尽心思。你没工作，没有经济来源，你就必须得为一份工作而费尽心机。这没什么好丢人的，再丢人也丢不过长期在家待业、啃老的你。

我们的生活，应该要掌握在我们的手中。而不是被别人逼着这样，或者那样。读书那么苦，稍微调皮一点的都不愿意读。可如果你不好好读，你就很难找到好工作。如果你不好好工作，你就没有高收入。累死累活那么辛苦，稍微有能力掌控自己生活的人，谁不愿意过上自己最想要的生活：无时无刻地Shopping，无时无刻地美容、美白，无时无刻地穿着漂亮，无时无刻地旅游，无时无刻地看电视剧、电影，无时无刻地去爱，无时无刻地把时尚、最好的一切，都收回囊中。

谁不想前进，将最爱的一切化为己有？

真没想过努力进取？可能这只是你的个人想法而已。别人，早就已经走在你的前面了，只是在路上缓慢行进的你看不见他们的身影。

努力了，
社会就公平了

男人不是救世主，为什么你非得依赖他给的爱才能生存？

然而，爱情，却是公平的。你舍不得付出，还哪来的索取？

A

一个朋友，她初中是音乐特长生，主攻的乐器是小提琴。进入高三，她较长一段时间成绩低迷徘徊。那时候她觉得无论怎样努力，也赶不上班里那些身手不凡的高手。也许真如音乐老师所说，乐感，靠的是百分之九十的天赋，和百分之八的努力。剩下的百分之二，讲究的是领悟。那年，高考在即，形势严峻。按理说，她学了四年的小提琴，而且只要能考上大学，即使当不了演奏家，将来组个乐队估计还是可以的。因此，她对前景没有忧虑的必要。

　　但是，她却感到非常不踏实：她觉得自己除了能拉两下琴，其他什么都不会。偏偏琴又拉不到最好，一旦不拉琴了，以后靠什么谋生呢？这种危机感一直在困扰她。怎么办？是悬梁刺股、孤注一掷，还是扬长避短、另辟蹊径？

　　后来在老师的建议下，她把就业方向转向音乐老师。可终究，她的小提琴始终是拉不好，视唱练始终是唱不好。即使大学将专业转成了音乐的师范方向，来到所在的班级，同样的缺陷还是出现了。这让她感到非常无奈。

　　一条路上，高山和峡谷的风光是不一样的。所以，后来，她选择了用另一种方法用声，练习视唱练。小提琴这一块，也换了一种感受练习。

　　音乐教育专业除了器乐演奏，还要考音乐理论，需要提交论文，对文化课也有较高要求。经过充分的准备，她发挥正常，大学的四年里，她的综合成绩一直位列第一。

　　另外，她专业课的老师常常鼓励学生跨校听课。她常常到同一座城市的各个名牌大学，旁听社会学、哲学和文学等课程，丰富了她在文化层面对音乐的理解。大学期间，她到广播电台和一些文化公司实习，参与节目策划和撰写文案；毕业后又到电视台做了几年与音乐有关的工作。她觉得适合自己的工作还是蛮多的。越来越丰富的自信，让她的生活仿佛迎来一道刺眼的曙光。

教音乐教了三年，她才发现，自己所教的学生里大概有六成学生，都有遇到自己学音乐时不得不转专业的问题。这时她才恍然大悟，原来这世界真的非常公平。只要学生的课程训练，达到了一定层次，很多学生都会遇到这个问题。只是，有的依靠天赋从中突破。有的，不得不停滞于这一瓶颈之处。

故事的整体虽然比较复杂，但不难看出我想表达的一个道理。

有时候，世界，是公平的。

我高中的时候印象最深刻的一句，是班主任说的："高考如果很难，也不用怕，你难，个个都难。"从呱呱坠地的人生开始，大家同在一条起跑线上，走在同一条路上。有的，被眼前的路障绊倒。有的，突破了路障。所以才有了一前一后且速度各不相同的一次竞走比赛。

你不努力，就停在路上。

你努力，脚下的速度就适当加快。

困难来了，突破了，你就过去了。突破不了，你就只能被迫停下。

于是，我们每个人，都拥有了不同的人生，贫困或小康，富贵或成就。不能只羡慕别人毫不费力就已强悍无敌的样子，要学学他们毫不费力之前，那些奋斗拼搏的日子。

世界，犹如一块缤纷璀璨的三棱镜。从不同角度看去，会在阳光下折射出不同的色彩。折射出来的黑色，夹杂不公、抱怨、好斗等负面因素；折射出来的红色，夹杂奋斗、热情、诚实等积极因素；而折射出来的第三种橘色，则是困难面前的公平突破。

想买一张火车票？

看见了没，多少人在售票口面前排起了长队。

B

我们，现在来玩个网络很流行的文字情节：

假设，某天你要出远门，有三个人为你送行。

你左手边的人，一直哭着不要你走，还说每天给你打电话，然后回家继续玩游戏了。

你眼前的人，帮你收拾行李，替你做早饭，送你到车站，说"一路顺风"，然后回去继续工作。

你右手边的人，仿佛不怎么存在，只是默默关注你，可他时时刻刻挂念你。

后来，你出远门回来了，你分别给了……

给左手边的人，带了一些手信，和他一起去看电影，一起吃饭。只要他笑，你觉得即使倾尽了所有，也没关系。

给眼前的人，一个真挚的笑颜，你们一起吃他亲自做的饭菜，偶尔一起做家务。你会让他陪你看电视，为有他陪伴而庆幸。

给你右手边的人，一个温馨的对视，说：嗨，我回来了。其他的一切尽在不言中。

情节倒转一次，当你真正失去他们的时候，你会……

失去左手边的人，我们会进入昏暗的生活，然后在某个流浪过的地方再遇一次惊奇，开崭新的生活。

失去眼前的人，我们会失去了靠山，没有人关心，然后吃很多"补品"，恢复以前的样子。

失去右手边的人，肢体仿佛失去了知觉，然后在某天，发现自己隐隐约约失去的，永远无法弥补。

现在你知道了吗？

左手边的感情，是友情，短暂而美好。

眼前的感情，是父母的养育之情，无可替代。

右手边的感情，是爱人，是知己，是永恒。

现在你明白了吗？爱情、友情以及所有的感情，几乎全是最公平的。

对左手边的人，你付出的是沟通，得到的是彼此短暂而美好的友情。对眼前的人，你付出的是时间，得到的是无可替代的关怀与生活。对右手边的人，你付出的是爱，而得到的是彼此的永恒。

没有哪个最好，因为三种我们都需要。

没有哪个是十全十美的，因为我们是人。

只有懂得付出，你才能得到一切。

经营好自己的爱情，无比重要。当他变得更优秀了，你只有随之变得更加优秀，才能配得起他。当他堕落了，你也得俯身，将温和、美好给了他。

简而言之，没有付出，就没有爱情。当然，无论你承认与否，友情和亲情也是需要付出的。

没有付出，还哪来一辈子的索取？

很多人对爱情充满一厢情愿的想象。在他们看来，爱情是如火焰一般炙热的冲动，是海水都无法冷却的热情，是翻滚的岩浆，随时能够喷涌出绚烂的火花。爱，要爱到势均力敌，这才是终极的爱。

在爱情上，这两个人的博弈，基本上是棋逢对手，势均力敌。

只有两个人是同一个层面上的对手，各方面都能达到一个相对的平衡，两个人之间的距离和差距才会缩小。只有同样优秀、同样独立，精神和思想层面都在同一水平线上的两个人，才能走得更远。然后在爱情的道路上，彼此遮风挡雨，相依相靠，携手同行。

努力了才能达到你刚好成熟，
我刚好温柔

你要做一个不动声色的大人了。不准情绪化，不准偷偷想念，不准回头看。去过自己另外的生活。

——村上春树《舞！舞！舞！》

在将来的一场势均力敌的爱情里，你刚好成熟，我刚好温柔。

A

"不要和穷人谈恋爱，这样的爱情注定以悲剧收场。"小北从步入大学以来，就一直受到亲姐姐这样的箴言教育。后来，她却因为一个人而将姐姐耳提面命的劝告忘得一干二净。

因为，她跟他，终于在一起了。同时，他们在一起，几乎也是顺理成章的。他发现这女生老是给他做便当。他也愿意，在吃便当的时间跟她聊。

多少次，小北希望毕业之后不是找工作、谋生计，而是毕业了直接就嫁给他。这种美好的幻想，直到毕业之后才被自己的母亲打破。

已经毕业两年的她，由于对方的家境实在无法支持婚后的家居建设及相关开支，小北的母亲与曾经对自己耳提面命的姐姐终于开始了强势的思想教育。

几次的"钓金龟婿"教育无效，母亲最终起了"歹念"，不仅逼迫小北辞职，还介绍小北到大城市相亲。那些开支虽然多，虽然母亲十分心疼，但因为有大女儿的经济支持，母亲在"歹念"方面的操作越来越熟稔。

只要不让他们在同一座城市工作，他们必定很难相见。只要不让他们相见，再浓的爱意久而久之也会烟消云散。同时，再通过婚恋网站等介绍相亲对象，找到达到条件的另一半估计不成问题。

而问题的所在，是能不能让小北成功辞职。

不知道是不是机缘巧合，他通过晋升考核，被公司分配到一座偏远城市的分公司当了个小领导。终于升职了，这可是很难得的机会。据大学生就业促进指导协会的相关指示，刚毕业的大学生在职场里晋升的可能性非常小。

经过好几次的劝说、深聊，小北表示理解他，更不舍得伤害他。

因为分公司刚入驻当地，得到了县里政府的政策减免，还有相关的扶持。消息再次传到小北这里，她必须选择让他飞翔，给他自由。如果他把分公司的部门运营得非常好，将来必定展翅翱翔。

在尤其喜悦的氛围中，只有小北的身边萦绕着忧伤、痛苦。原来，最后的送别，并不是因为妈妈与亲姐姐的强势阻挠，而是他自动、自觉地奔向绿皮火车的决心。为了前途，他不走不行。他们有没有钱结婚，全依靠这一次的打拼。

在回家的飞机上，小北默默落泪。

两个小时的飞机，她回忆起和他之间的点点滴滴，也幻想过一万种可能性，但没有一种，是两人能顺利结婚、生子，以及拥有世俗幸福的结局。

后来，两人果然因为分隔异地而不得不分手了。

一年多以后，他回来了，已经买了房子，还开着一辆新的车。誓言果然全然兑现，但在他身边的，是另一名年纪比小北还小，比小北更加漂亮的女生。

这个女生认为自己很幸福。因为今年大学刚准备毕业的她，毕业之后可以直接嫁给他。多年以前，小北想完成的梦想，如今虽然完成了，可竟然是别人替她完成的，而且还做得很好。在他刚好成熟的年龄里，遇见刚好温柔的她。

反观小北，陪伴着他成长，却必须将该到手的"他的成熟"拱手相让。

我们有着相似的青春，却拥有不同的人生。

小北跟他，从大学相识之后一起成长。可漫漫长路，却不得不让人兜兜转转。有的返回原地，有的则抵达终点。小北的青春，与他的青春形影不离。可结果，两人却是从此拥有了不同的人生。

B

小北始终得孤零零的一个人在异乡飘荡。这座城市，多少次飘荡着她陪伴着他成长直至快要成熟的回忆。

曾经在同一片月色下肩并肩的两个人，因为有了各自的乐章，再也无法走向相同的方向。是该责怪她的全世界只有他，还是该责怪他的世界不只有她。

似乎，谁也没有错，怪只怪节奏不同，走着走着就散了。

用手心捧着爱情，只要努力就可以天长地久。可以，这很青春。

但许多事情，不是努力就有结果，尤其是爱情。

他一定是爱她的。因为他努力花光了所有时间，只为了给她一个面对面的惊喜。

她也是爱他的，她努力费尽了所有耐心，只为给他一点时间知晓成长的秘密。

说到这里，你呢？你愿意陪伴他成长吗？

待他成熟时，卷起长发，相依相守，相伴一生。

为什么，这个篇章会提到这个问题？因为绝大多数的女生，都会面临这个问题。

因为绝大多数的男生，是从一贫如洗开始了自己的人生。有了开始，就会有过程。过程中，你因为物质或不可抗力因素而离开了他，那后来享受他一切成果的人，必定不会是你。不妨将这两个问题放在故事中的小北和他的身上。

如果当时，她等他，结局会怎样？

如果当时，他追她，结局会怎样？

她等他。也许他回来的时候，二人就真的会步入婚姻的殿堂。

他追她。即使二人分开了之后，他成熟归来，秉着回忆追回她的话，二人也一样步入婚姻的殿堂。

从第一个问题得出的答案，可以看出，陪着另一半成长，幸福必将属于你。

从第二个问题得出的答案，可以看出存在风险。他回来之后，会有追回来的情况，也有不追回来的情况。两者的概率分别为二分之一。所以，中途离开，对自身的幸福存在比较大的风险。

还有一点不能不说，如果你因为房子车子而离开另一半，多数的结果会让他看不起你。他会认为，你是那种贪慕物质的女生。这种印象的影响，会让结局更加倾向于他要跟别人在一起，而不是你。

其实，讨论了也没有意义。这世界没有如果，再说了，成长总是伴随着疼痛。

越长大，越有更多选择，为了配得上所有美好，我们只有不停奔跑。虽然每个人都有着不同的奔跑方向和速度，但那些在岁月中始终陪伴左右的人，总有着相同的兴趣爱好，又或者有着雷同的人生感悟。

一起走得最远的，不是步子最大的那个人，而是步调最一致的。

无须刻意停下脚步，等待另一个人，也无须仰视、崇拜拼了命才能追上的另一个人。三观相近，愿景相同。待开心时，多一个人分担；待难过时，多一个人承担。只有互相扶持、彼此成全，才能更快地步入婚姻殿堂。

世界，真不存在可以任吃的白果。等果儿成熟了，就跑过来摘。然后等果儿吃完了，就一走了之。这么一走，那么下次结出果子之前，所需要的养料与水分呢，谁来给予？所以，世上享受果实的，多半是一直陪在小树身边并施于栽培的，不离不弃一段时间之后，小树自是以白果厚待。然后，再一次进行施肥、浇灌。如此，才能进入完美又无尽的爱的循环。

本来是一个拥抱和一点的耐心就能解决的事情，最后却沦落到只有分手才能平息干戈。

爱情，刚开始总是会被糖衣包围，以为有爱就能幸福快乐一辈子。可时间就是这么残忍，总喜欢把那些不加修饰的东西原原本本地呈现出来，然后爱情就在一天天不如意的磨合中，被剥掉最后一层糖衣。

总要经历那些错过，才能换来刚刚好的相遇。

你要相信，好的总是压在箱底。也许爱情会迟到，但希望它来了就永远不会走。

愿你无论路途多么遥远，都有人陪在你的身边，直到最后。

而那个最后，在即将到来的一场势均力敌的爱情里，你刚好成熟，我刚好温柔。

做得起自己，

累得起自己，

这才是能够拥有世界的你。

第二章

连自己都做不好，你在这世界还可以干什么

你"努力"的样子很可耻

别人有钱,所以别人可以赖床到任意一个时间点。

不过,你跟他们不一样。因为你赖床不仅仅是因为没钱和懒,还因为想通过赖床把早餐省掉,顺便达到减肥的效果。

于是,你心安理得地躺在床上努力地减肥。

你知道吗?你躺在床上努力减肥的样子很可耻!

A

朋友有个同事,是一个名声响亮的营销策划人。这也是朋友第一次遇到业内有名的策划人士。

当时,公司非常看重一个项目。投资了几千万。

这个项目在这个策划人刚入职的时候还是个雏形,连三个营销阶段都没搞好。所以，一连串的工作堆积起来，忙到这名策划连上班的衣服都少替换。由于有时靠得比较近，同事们纷纷劝他洗一下衣服，也应该多准备些衣服替换。

不过，这名策划没多久很难堪地辞职了。

名堂都那么响了，能力估计没问题。前段时间也听我朋友说过，他在公司掀起了一股正能量，几乎个个同事都在向他学习。跟他同在一块办公的同事，总是快手快脚地操作电脑。这也是正能量的渲染作用。可究竟，他为何辞职得如此难堪？在公司的口碑都那么响了，真不明白。

原因当然不是因为他没换衣服，虽然部分的同事对他这方面有点意见。

主要原因是他不懂市场。领导一直强调要了解目标客群有可能的需求，才能得到正确地市场调研。可事情在他看来却不是这样。他把营销战略做了个大概，细节还没有完成，就认为自己已经很厉害了。

营销策划里面的数据，必须通过市场调研具备可信度的，这样才能准确判断市场的现状，以及市场的走向。

不是说他调研出来的数据作假，而是他忙了那么久，那些数据的可信度一直很受领导怀疑。

后来他们领导发现不对劲，跑去跟董事长说了情况。

一直在装忙的人，还到处自称很忙，比只懂得躺在床上玩手机的人更加不堪。

连为什么加班都不知道，觉得努力了就应该有回报，你"努力"的样子很可耻啊！

我虽然不认识这名营销策划，但对这事情的来龙去脉还是很感兴趣的。我一直认为，身上满满正能量的人都比一般人更加容易成功。可听了这件事，差点颠覆了我对"努力""正能量"的世界观。

越努力，不是应该越有前景吗？

越充满正能量，不是应该越容易被领导看好吗？

其实并不是这样。工作不能瞎忙，就算你工作再忙，只要你的结果是错误的，那么你的努力是不会被别人承认的。他们董事长说过的一句话很关键："因为他不懂这一块的市场。"显然，他即使做再多的营销策划方案，肯定不是他们董事长想要的结果。

如果你越努力，反而却只是他人平常工作的一般成果，你还是不要到处宣扬自己当时有多努力了。你越努力，可工作还是做不好，那你的努力要来干吗？你还好意思到处说自己是一个大忙人？当别人知道你工作还是做不好的时候，你难道不担心别人看不起你的努力？

经常出入图书馆的你，很可能只是在大学的图书馆玩手机。而躺在你桌上的书本和笔，也只是静静地躺在你眼前。玩手机玩够了，然后随意翻阅一下自己的书。直到将书翻到自己收获到了满足感后，终于又开始了玩手机的模式。

如此反复循环，无始无终。当你被这些所谓的满足感冲昏了头脑，可能你真的是时候该给自己放一个心灵的长假了。

想想原因，可能是你每天都必须要有懒惰的感觉，才能把日子过得充实。凡是天天都特别懒的人，大概是喜欢懒惰的感觉，才有了你可耻的今天。每一个人的可耻，其实都有历史原因和自身原因。凡是可耻的，一定是有根有据的，别人不会平白无故给你贴上这一标签。没有努力，反而对懒惰存在了需求；没有学位证，反而认为有毕业证就足够了。所有的努力，不过是为了搪塞那份自责的心。

不要想太多，是时候了，你应该外出一趟，旅游一次。等路上的自己清醒了，同时也认清了事实，你的反思就已经足够了。虽然已经反思了，但真正的想法有没有用行动落实，还是有待确认的。

愿这种可耻的人，早点放弃可耻的努力，然后切切实实地行动吧！

B

有些人的努力，很纯粹只是为了得到满满的成就感。然后，生活就可以过得心安理得了。不管那些努力有没有结果，不管那些努力是不是浮于表面。

可能你曾经起得很早，然后捧着几本书出现在图书馆。但因为起得太早了，所以你认为自己备考的时间会比别人多。可真实的情况，却远远不如你想象的那样。这里，我们来将你曾经的经历真实地重复一遍：当你走进图书馆的时候，因为起得太早了，所以感觉有点累，心中自然而然地出现一个想法：我的时间还有那么多，看来我还是先抽点时间玩玩手机吧！

就这样，比别人起得早的时间其实已经被你浪费了。后来，你看见周围自习的地方满座了，才终于有了些压力，才开始真正地学习了。学习了一段时间之后，心里成功地获得了满满的满足感。一旦有了满满的满足感，你的心里又会自然而然地出现一个想法：刚刚已经努力过了，所以我可以玩手机了。

真想跟正在图书馆玩手机的你说一声：你知道吗？你现在"努力"的样子真的很可耻！

这种可耻的努力，如今普遍存在于各个校园，甚至连部分的职场也同时存在。你以为你努力了，就可以了？我想，这种仅需满足感的努力正是症结所在。在这个只承认结果的社会里，没有结果的努力通通都只是浮云。但这也是我们不愿意承认的。

毕竟，所有的努力，都不是给别人看的。这些努力，是否真正触动了内心，又变成你的能力？

听过一个高校的老师对一个很努力的学生说：你早上很早就去了自习，别人也看见了你带着会计书、英语书、考试卷。可是，这一切都没有用，因为你还带了手机。

你一上午的学习，其实都是在刷朋友圈、刷微博。

你看起来每天熬夜，却只是在漆黑的环境中拿着手机点了无数个赞；你看起来起得那么早跑去上课，却只是在课堂里补昨天晚上睡的觉；你看起来在图书馆里坐了一天，却真的只是坐了一天；你看起来去了健身房，却只是在和帅哥美女聊天。

在我们身边，总有一些笔记记得很认真的人，但他们的成绩单却特别难看；也总有那些学习成绩非常好，但看起来并不怎么

认真的人。因此，很多人把这些成绩非常好的人定义为聪明，而
我认为，其实他们只是在学习的时候，摒弃了诱惑，然后一心一
意地努力学习。与此同时，他们的那些努力也没有让别人看到，
那段时间也没有其他的干扰。

学习之前，你有没有制订计划，告诉自己今天你要学到什
么、背下来什么、掌握什么。

没有目标的努力，没有计划的奋斗，都只是作秀而已。

你的生活，和别人看到的，是否是一样的？那些所谓的努
力时光，是真的头脑风暴了，还是，你的努力只是剩下了可耻
而已。

不过，罪恶的源头，不是你的手机，而是你通过手机完成自
己的懒惰。部分大学，甚至会在图书馆设立这样一个制度：进入
图书馆自习室前，必须要把手机交给管理员。

我们都曾在内心有强烈的渴望，渴望着有一天能够出人头
地，渴望着有一天能过着自己想要的生活。可绝大部分的人，却
只是过着别人眼中大学生的生活，踏入社会之后，也只是过着别
人眼中职场里应过的生活。什么假期越多越好，什么加班是很辛
苦的，什么最好早点下班。这些难听的话，就像我身后的一道
墙，累了可以趴一会儿，感觉还很过瘾、很休闲。可却也正是因

为这道墙的存在，限制了你每次付出的努力是否是全力。你不是不努力，只是没有用全力。这一切，可能是因为你身后的那道墙，早已成为你后退的筹码……累了，身子朝后挨一挨；乏了，身子在墙上疲软下来。

没有困难的人生，不是人生。

没有努力的人生，不能成功。

想到，
就要去做

你想在二十五岁前，看一场轰轰烈烈的演唱会。

你想在大学的时候，来一场轰轰烈烈的爱情。

你想在毕业的时候，能够嫁给自己最爱的男生。而且，毕业典礼的时候，他会脚踏七色彩云来找你，还捧着一束你最爱的花，然后彼此闻着最爱的花香，再来一个法式之吻。

A

大学的时候，一个朋友在路边租了个摊位卖东西。他居然被几个舍友嘲笑："花了那么多钱，结果到手的钱还不如一份薪水。"

后来他选择了送外卖。经常点外卖的舍友认为他是跑腿的，慢慢地更看不起他了。

送了整年的外卖，他才积累了足够多的人脉，还建立了属于自己的团队。然后，他与校园周边的美食店合作，获得了一些资金。他从这些资金拿出一部分，按外卖的数量付给自己的送餐员。团队逐渐壮大，他终于迈入月入十万的人群。即便是餐饮行业最低迷的时候，他也月入过万。

我是非常认同他的。从他迈入大学的第一步起，我就知道他一直都很想一边做生意，一边学习。他特别享受这种忙碌，又有满足感的生活。创业初期，到手的钱虽然少，但他也不顾旁人的眼光，依然按照自己心底的想法，然后突破重重困难，去实现自己的想法。慢慢地，他做到了。

他只是想实现自己想要的生活而已。他是那种非常喜欢一边做生意，一边学习的人。他想要这种生活，然后去做了，创业的初期虽然做得不好，但也至少比你们这种不断地打游戏、不断地谈恋爱的舍友更加优秀。他想做，所以他去做了。为什么你们不是尊敬他而是嘲笑他？

这里我想到了一些很现实的问题。

当一个人辞掉一份工作出来创业，可营业的收入却输给别人的一份工资，这时候，半数以上的人会嘲笑她，或者看不起他：

出来创业干什么,还不如出来打工。

因为,他跟原来的同事已经不一样了,而且创业之后还落得像是"失败的下场"。

其实,能将自己的想法通过自己的双手实现到生活里的人,是非常成功的。哪怕他的小本生意是亏损的,哪怕他没有把自己的生意做到最好。

平常的生活里,我非常尊敬那些微商。他们不断地吸引别人添加自己的微信,然后通过朋友圈的动态为自己的产品代言。我喜欢他们,因为他们的朋友圈总是出现自己最漂亮的照片,然后代言着自己最有信心的产品。相信自己产品的功效,又相信自己的产品一定能满足客户的需求。

一百个微商出来创业,可能有百分之九十是失败的。但失败的他们其实已经将自己的想法做到了大半。而剩下的百分之十,是既幸运又有实力的,因为将来的他们,可以主宰自己的命运,同时也可以将全部的想法,百分之百地实现到自己的生活里。

我不喜欢那些鄙视别人的人。我想问,你到底有什么资格去看不起别人?就算别人是残疾,他也可以拥有一份属于自己的工作，然后养活自己。再说了，成熟的残疾人拥有你想象不到的魄力——他们可以独立生活，自己照顾好自己。

另外，你凭什么去看不起那些比你更努力的人？难道你不认为将来的他们会比你们更加优秀吗？难道你不担心你看不起的人将来会远远地超越你吗？还是你自己根本就没打算去超越谁，所以才失去了这份应有的担心。

送外卖这个行业虽然不够高端，但人家美团网也做得挺大的呀！美团是可以专门在网上点餐，然后在线下替别人送外卖，从中抽取相应的提成。我有一个朋友，他就将这种互联网思维运用到实际的生活里，而且只是一个区域的线下生活。

然而，嘲笑这些努力的人都在干什么？打游戏，还是追星？

因为男朋友打游戏而分手的案例每年不少于一万人。
因为女朋友追星而分手的案例每年也不少于两万人。

是的，男朋友打游戏是可以的，但也不能沉迷游戏而颓废了自己吧！

女朋友追星，也没什么，但不能一直痴迷下去吧？偶像去哪，你就追到哪，迷到哪？即使在厕所里，也要看着偶像的照片？

如果你被这种比你更差的人嘲笑，请你无须理会他们。

因为沉迷游戏越久，他们的将来会比你更糟糕。

因为疯狂追星越久，她们就越想嫁给自己的偶像，导致个人的生活与现实脱节。

那些比你更差的人，因为没你那么努力，所以她们没有资格嘲笑你。

B

想到，就要去做。

如果你没做，你怎么知道自己不行呢？还没有开始，就结束了，这样的方式能获得成功吗？这种迟钝的自我怀疑，让很多原本可以取得傲人成绩的人，变得抑郁寡欢，最后得不偿失。

我们的潜能只有不断地被尝试，才能激发出来。

不要忽视自己的潜能。

不要妄自菲薄。

有时候，在你的恍惚之间，你可能突然明白了自己现在想要的是什么，后来想要的又是什么。

我初中的时候就特别热爱校园生活。因为学习带来的快乐，与操场上的运动生活，是我直到现在特别怀念的。可有的人，却是在后来才实现，甚至永远无法体会到学习的真谛，无法体会到生命为什么在于运动。这里，我不得不问：同一个想法，为什么不同的人会在不同的时候实现呢？

因为每个人实现想法的能力都不一样。

有的人，一旦设定了目标，很快就会集中精力，规划出走向成功的途径，然后全力以赴地前进。在这期间，他没有三心二意，没有左顾右盼，更没有见异思迁。

可另外的人或者是曾经的你，在实现想法的过程中，没有遵循常规的路线，反而从原来想法的基础上，再一次有了其他想法。所以，他们或者你最终的结局，成了层层叠叠的各种目标，导致太多的想法冲散了原来的想法。

得到了这个，又想得到另一个。或是得不到这个，就想着另一个。我们的努力，要有方向，并得朝着自己的目标坚定出发，不回头，不气馁，不喊累，不迷茫。

始终如一的精神面貌，是我们努力的时候必须要具备的。

坚持买自己想买的东西，要做到买得起、用得起。

坚持去自己想去的地方，要做到不会因为一张机票，而阻碍了你的行程。

坚持做最好的自己，要做到不因为别人的闲言闲语，而被迫进行辛苦地改变。

坚持不减肥的原貌，要做到天然的美才是真正的美。

……

把想到的这些东西都做一次，就好。因为想到，就要去做。这样的自己，才会是最满意的自己。生活处处都是困难，如果能在心理上最大的满足自己，这笔财富才会是你最大的精神财富。

没有一辆豪车。

没有一套别墅。

没有男神一般的男朋友。

没有最好的护肤品。

……

这些都不是你应该维持现状的理由。我没有豪车，也同样可以生活呀！为什么我非要买一辆豪车，给别人感觉好像是在贪图富贵一样。既然你的现状是一无所有，这才应该是你努力的理由，而不是你放弃的理由。维持现状的人，是最能享受安逸的人。

所以，我们在该奋斗的年纪里，不要选择了安逸。要将自己的努力，放在最想要的方向盘上。

笑着面对，
不去抱怨

吃汉堡吃出苍蝇。

喝凉水也会长胖。

加班到晚上差不多十点了，领导居然还嫌弃自己很懒？

委屈的你，经常是全世界最倒霉的一个。

A

接下来，介绍一个有点胖的女同学。

她说知道自己胖，交了男朋友也吵架，不把她放在心上。她说她心知肚明，都是因为自己不够好，如果她高挑又苗条，有着天使一般的容貌，她一定不会落到这样卑微痛苦的境地。

她的故事虽然很短，但却具有很高的普遍性。几乎全部的女生都会这样想：认为是自己比不上谁，所以自己才会有不好的遭遇。更有甚者，认为这个社会那么看脸，所以觉得脸不好的自己，就算再怎么努力也一定是白费的。看到这里，眼尖又机智的你，可能就知道我想说什么了。

有的女生，上名校，进名企，打扮永远那么得当，神采还永远那么飞扬，走起路来，又总是风姿绰约、游刃有余的样子，还能拥有那么多的崇拜和拥簇。另外一些女生，身材高挑匀称，妆容舒服清新，参加各种比赛，在 T 台上展示风采，台下总是一片的闪光和赞叹。

可是，这幸运终究只会降临到别人的身上，不会是你。

因为，越努力越幸运。换句话说，如果你想着一定要比别人更加幸运，说明你肯定需要努力。

上名校、进名企的女生，总有些不为人知的背后。她们可能习惯在夜里挑灯苦读，或者绞尽脑汁逛遍商店，为的只是想要找到一件最适合自己的衣服。又或者五点半起床背掉一本又一本单词本，每周至少三次轮番进行跑步、瑜伽、游泳、舞蹈，在大镜子前成千上万遍地练习踱步、摆位……

她们之所以比别人更幸运，那也全是她们曾经付出的努力起了作用。

别人为什么比你漂亮？

就算你天生已是国色天香，但只要你懒，这说明你早晚也会变得更胖，你的装扮早晚也比别人差。每个女生都会面临长胖的命运，为什么别人就瘦得下来，你却越来越胖？最后，你不得不对着自己的肥肉生闷气。然后，因为又长胖了，你还将肥胖的罪过，怪到了陪吃、陪喝、陪玩的闺蜜、好友身上：如果不是她们经常跟你出去吃饭，那你怎么会胖成这样子？

其实，问题的根本就只出现在你自己身上。

那么懒，还想不胖？……很难。

忘了告诉你，好衣服很难找，不是有钱就行。可为什么，别的女生总是能够找到一件合适自己的衣服，偏偏你穿的衣服一直都那么差。这里，我有一个答案，不知道你接不接受。

别人之所以可以买到好衣服，很可能已经翻烂了一本时尚杂志，或逛遍了整个夜市，淘宝、天猫等更是小儿科。因为你懒，所以你后来还是没买到令自己满意的衣服，也找不到令自己满意的男朋友。所以，你又怪到了那些陪吃、陪喝、陪玩的闺蜜、好友身上：如果不是她们太抢眼了，好的男生早就拜在你的裙底下了。

其实，问题的原因就只出现在你身上。

那么懒，还想被好男生看上？……很难。

所有对世界的埋怨，其实都可以总结为自己的问题。身体偶尔有个小病、小痛，导致你每个月的薪水有一半已被医院吸光。这不能怪医院收费太高，也不能怪医院的检查太多，要怪就怪自己平常很少注重身体健康。

在工作中，我们身边充斥着各种各样的责怪：抱怨薪水与付出不相符，抱怨绩效考核不公正，抱怨领导不识人才，抱怨公司制度不规范……唯独没有人问问自己：我为什么会有这么多的抱怨？不如，我们把抱怨变成善意的沟通，把抱怨变成合理的建议，把抱怨变成积极的行动。

如此，怎样？

B

不要去抱怨。因为生活给你的一些痛苦，只是为了告诉你，它想要教给你的事。一遍学不会，你就痛苦一次；总是学不会，你就会在同样的地方反复摔跤。包教包会，学会为止。

看透了，还会继续抱怨吗？

可惜，你没有这样想。

你以为只有你倒霉、不顺、挫折、郁闷，仿佛永远看不到未来。

你以为只有你有解决不完的问题，倾诉不完的烦恼，逃不掉的郁闷，等不来的好运。

你以为大家都是等着天上掉好运砸到自己，从此衣食无忧，不用努力就很瘦、很白、很美，坐等着让人羡慕。

这样的人有没有？有，但是真的很少。而且最重要的，不是你。

你不知道那些所谓好命的女孩儿，在哪一个深夜多做了哪一道题，所以多会了哪一点知识。于是，她比你多了 0.01 分。你不知道，好命的女孩儿也不会知道。

你不知道好命的女孩儿，在哪一顿饭比你少吃了哪些东西，在哪一个体育场多跑了几百米。所以，她比你瘦、比你美、比你精神。你不知道，好命的女孩儿也不会知道。

可是我猜测，她们都会知道：在年轻的时候，不能懒惰，不能停下；要厚积薄发，要不留遗憾，要拼尽全力。她们知道，都是一样的人，都会面临一样多的问题。

人的一生，不过是解决问题的一生而已。奋力向前奔跑的你，甚至得来的可能是头破血流，但却抓住了闯出天地的可能。假如只是不勤奋地拼一下，等着你的结果就只有混吃等死。如此一来，你抱怨自己没有她们那么好命，她们是何来的好命。其实只是自己选择的路，然后继续坚持了而已，然后再突破了困难而已。最后才做到：让你羡慕。

不去面对，那你还抱怨什么？如果你没有勇气挣脱当下狼狈不堪的泥淖，还有什么资格做自己想要做的事，爱自己想要爱的人？

抱怨的人，没有资格获得话语权，没有资格得到幸福。这话可能说得有点重，但现实往往比这更加沉重。宁愿忍受日复一日无望的生活，也不愿意做出改变，所以他们的抱怨，意味着无能，意味着只配过眼前的这种不堪的生活。这是他们真正痛苦的原因。

那些活得明白、过得开心的人，他们的人生就一帆风顺吗？不是的，他们也一样有难处、有坎坷，也遇到一些不被人理解的事情，甚至有时还会遭遇突如其来的低谷……但他们跟你有点不一样，仅仅这点，便可把你完全比下去：他们深知抱怨毫无意义，与其花力气去怨天尤人，还不如破釜沉舟地去改变。

别再心安理得地"堕落"，从此刻起，好好生活。别让未来那个平庸的你，痛恨此刻只知道抱怨的自己。

　　回头望去，这世界谁曾经没有遍体鳞伤？只是在每一次演出、每一次考试、每一次比赛的时候，闭上眼睛，回首过去，感觉很充实，已尽了全力，不留什么遗憾。因为活得太用力而记得那么清晰，不由自主地微笑起来：已经无愧我心，其他尽凭天意。因为在这条路上，我们并没有选择。但可以肯定的是，咬着嘴唇，温柔又倔强，勤奋又无惧的女孩，总会胜利。

时间，
是你打拼的双刃剑

时间是一把可以戳穿虚伪的刀。

它验证了谎言，揭露了现实，淡化了承诺……

你只要问心无愧地做人，一切自有命运安排。

A

时间，是最公平的。因为，它给任何一个人的一天，全是同样的 24 小时。

可是，有的笨蛋，却花费大量的时间，定期地翻阅他跟另一个她秀恩爱的朋友圈，还有微博。

她叫小溪。曾经的她，认为爱一个人，就是什么都要为他着想，什么都要给他安排好。可现实给她的答复，却是"不是所有的人都愿意接受这样的爱的方式"。

分手的时候，他说，不要把自己喜欢的人当作一颗棋子。爱一个人，应该从理解的角度去关心一个人。而不是什么都给他打算好，从此剥夺了一个人的自由。

许多的爱情，还存在着矛盾，还存在着彼此磨合。如果这期间都不能衔接好，恐怕也只能将原本完整的爱情，硬生生地残缺了一块。

他或许对小溪也不错，只是他不能理解她。所以很多时候我们愿意把心里话讲给那个懂你的人听，也不愿在爱人面前提及。

很多人缺乏耐心，从来不懂得倾听。他们不愿意自己的爱人在自己面前唠叨。往往这样的两个人，到后期就无法沟通了，也就会越来越觉得生活没意思了。心里的话不能说给自己心爱的人听，这是人生多么悲哀的事啊！

原本在爱情的世界里，很多苦闷的心事最佳的倾诉对象应该是你爱的人。可事实上，没有几个人愿意倾听。这也不奇怪，如今越来越多的男人喜欢找红颜知己了，女人也喜欢找个蓝颜知己作为自己情感的倾诉对象。人，都希望有个靠山，并不是需要别人在物质上帮助你一把，而是需要在精神上给予开导。

而小溪，败给的就是他找的一名红颜知己。懂得倾听彼此内心的苦水，随之拉近了本就遥远的两颗心。

这就是现实与理想的差距，但我们又不得不承认这样的差距。你如果懒得倾听，自然会有人懂得倾听；你如果不懂他的优点，自然会有人懂得他的优点；如果他嫌弃你略显肥胖，自然会有人懂你略显肥胖的好。这世界，有时候真的很公平。有的时候，却真的很不公平。

然而，时间却是一把分割公平的利器。像是在半黑半白的布匹上，时间作为你努力的利器，能准确地将其分割成白布和另一块黑布。如果离开，你能获得更大的幸福，如此便能证明曾经的离开，只是为了此刻的铺垫。如果离开，你反而更忧愁，说明你已被时间的利器伤害。

能准确分辨这个世界所有对错的，可能也只有时间了。

从你给他的告白的时候起，你已经失去了什么了。你一直的自信，相信他不会离你而去，可彼此的分开，却又说明了你真的失算了。

等到他真的有女朋友了，你又认为暗恋有时候是很安全的。等时间让你终于憋不住了，再一次把爱意表明出来，也只是你希望自己不要有任何的遗憾。

什么叫遗憾？就是经过长时间的洗礼，时间把你们变得不可能，可你却始终想要把不可能变成可能的时候的那种心情，或是情怀。

你是否虚伪、是否善良、是否聪明或者是否爱他，时间都可以证明。因为没有人可以永远地进行伪装。

是的，时间就是这样的一把利器。当你跟他分手之后，还自虐地不断地翻阅他跟别人秀恩爱的朋友圈，这将让你错误地以为，这次的离开是错误的。

其实，不然。因为你的离开是否是正确的，只有时间能够证明。

B

三年前，你是怎样的一个人？

三年后，你又是怎样的一个人？

三年前，你不会游泳但是很喜欢海，不会谈恋爱但是很喜欢他。所以，三年前的你，认为人生的意义，大概就是折腾和找到那个让你折腾的人。很遗憾，三年后的你，却没法从了自己的初衷，也找不到那个可以让你折腾的人。

三年前，你不想因为钱而和谁在一起，也不想因为钱而离开真爱的那个人。很遗憾，三年后的你，却无法守住自己曾经的底线。

　　三年前，你想有辆自己的车，不用再挤地铁、公交，不想再担心下雨天打不到车。很遗憾，三年后的你，因为存款少与花费巨大，终究还是埋没了曾经的理想。

　　三年前，为了配得上自己的野心，为了不辜负所受的苦难，而要求自己至少需要努力三年。很遗憾，三年后的你，同样没有配得上自己的野心。

　　三年前，为了不让自己的孩子成为穷二代，不想为了那几块钱，跟辛苦的卖菜大叔讨价还价，又为了能够在天冷换季的时候，不用再纠结衣服的价位……

　　你打算实现这样或那样的自己，可是，三年后的你，依然无法拥有充足的时间，做自己喜欢的事情。依然无法将那样的自己成功实现。甚至，还将感慨时间给你带来了不好的改变。

　　不知道你有没有想过，时间，真让我们明白了努力的重要：因为自己的一成不变；因为自己持续了两三年的堕落；又因为自己一而再，再而三地真的实现不了。

　　时间，是一把利器。有人称之为杀猪刀，有人称之为打磨我们的磨具。可自己的变差，真的是因为时间吗？真的全是时间导致的吗？还是，你的懒惰根本就没有变过，所以躲不过时间对你的摧残；还是，你始终是配不起自己的野心，所以躲不过时间对你的打磨。

我们，总有太多太多的时间，让自己迫害自己，却始终无法跟时间做真正的朋友。

记得，我刚进大学的时候，思修（课程全称"思想道德修养和法律基础"）老师在跟我们见面的第一堂课，就给我们出了三个建议：一、大学的四年，要跟图书馆做好朋友。专业的学习，始终跟自己的就业存在莫大的关系。二、大学的四年，要跟学校的操场做好朋友。身体健康，才是人生唯一的本钱。第三、大学的四年，要跟老师做好朋友。所谓良师益友，如果老师已经是你的朋友了，难免会被耳濡目染。

这三个朋友，正是大学时候思修老师给我们介绍认识的三名朋友。可终究，四年以后，真的没几人可以做到。你认为越对的话应该越认真地听，可听了之后的结果是，跟没听一样。所以，我们普遍认同了这一句话：

听过很多道理，却依旧过不好这一生。

如果你做不好自己，时间就像一把刀子，让你割舍了曾经属于你的很多东西，它甚至他。

如果你做最好的自己了，时间也像一把刀子，替你割掉了所有的伤痛。经过时间的淡化，心情也一天天好转起来，那些曾经认为天大的事情，那些坎坷、挫折，随着时间的推移，再回头看时，根本都不算什么。

时间使人们忘记烦忧，忘记喜悦，甚至忘记那些刻骨铭心的伤痛和那些痛快淋漓的爱恋。时间还使那些曾经追求的权力、声望、容颜和财富，都化为尘埃，消失在宇宙的长河之中。

还是不要羡慕哆啦A梦拥有的时光机了。
过好自己的时间，便是一部自在的时光机。

连自己都做不好，
你在这世界还可以干什么

你要做的是拥有这个世界，而不是被这个世界改变。

最初的自己，曾跋山涉水的累，而迷失了自我。而每次的摔跤，似乎已将最真实的自己，抛在永不被忆起的角落里。

其他人为什么成功？

因为他们没有遗忘自己的初心，同时将最棒的自己展现给整个世界。

A

我有一个出身特别贫困的朋友。大学毕业以来，出入社会所遭受的困难累次积攒在她那脆弱的心灵上。低收入的她，每月银行的存款只在两位数之间徘徊。不是薪水不到账，而是支出真的是太高了。

偶尔买点水果犒劳自己，是要的。

偶尔入手一些护肤品和好一些的面膜，是要的。

偶尔逛一下街或者在公园的石凳上聊天，这点路费也是要的。

吃呢？喝呢？租的房子呢？朋友圈各种美食，各种旅游，各种高大上背景的美照，种种原因相结合，导致她本来就低的收入近乎等于自己的支出。

她也是考虑过的。她常想必须要活出自己最羡慕的模样，这也是她最羡慕的模样。可是，当自己真的将这些都做到了，现实带来的残酷，不仅仅是银行卡仅有的两位数，还有忙碌之余无法抽出时间来学习。这种无法让自己增值的状态，常常等价于"将来的自己，是没什么前途"的箴言。

一次，偶然的工作机会，她与一个一见钟情的帅哥相恋。

他非常成熟，她非常喜欢。不过待人极冷的他，常常对她不好。生病时没有开车载她去医院，只是叮嘱她多喝点热水而已。他完全看不见，一个大雨滂沱的夜晚，她从出租车打伞下来那副没有依靠的模样。

终于，他从她闺蜜那里得知，原来她经常跟别人说他对她不好。闺蜜还问他，她之前告诉你有人跟她告白，你是不是若无其事地在翻阅你晚上一直在看的书？

到底是看书重要一些，还是女朋友被抢走重要一些?

和这个男生分手后，她接受了这个世界对她的改变。这一次她没有选择自己喜欢的男人，反而看上了有房有车有存款，对自己又好的肥头大耳的中年男人。

其实，不是这个世界错了。错就错在，她没有端正好对这个世界的心态。这种随意就被世界改变的人，在将来哪来机会成为能够改变世界的人。

很多的话，她都埋在了心里没有对他说：

幸福，就是牵着一只想牵的手，一起走过这个世界的繁华。

只要他还在她身边，身边的风景便是盛世繁华。

很遗憾，在他对她提出分手的时候，世事早已擦肩而过。

以前，她多次想变成他的手机，因为这样，她就能永远地被他握在手心，还能将他想要的美丽，拍在自己的心里。

这些仅存的美好，如今也只能残存于意识界的幻想中。如今，只能如风筝一般，被肥头大耳的中年男人操控于手。

现在的她，再一次为了未来拼搏也没用，因为她连自己都已经不是了。所以，她失去了他的同时，也失去了这个美好的世界。

B

连自己都已经不是了，你还如何对待这个你应该努力的世界？

处在最美时光的你，对自己的赘肉爱理不理，渐渐地便错过了最好的自己。

处在大学校园的你，对自己的学业爱理不理，渐渐地便错过了优秀的自己。

处在奋斗阶段的你，对自己的工作爱理不理，渐渐地便错过了努力的自己。

更残酷的还有，有的人，永远只有这四个表现：

把藏书量极大的图书馆放在他的宿舍楼下，他也没有进过图书馆学习读书，他的学业越学越差。

把设备齐全、规模很大的田径场放在他家附近，他也没有去田径场锻炼过身体，他的身体越来越差。

把著名企业的好工作送到他手里，还欢迎他升职，可他偏偏不认真工作。所以，他越做越差。

甚至，把很高很白很惊艳的男（女）神到她（他）的身边，她（他）也没有去设法认识他（她）。所以，上帝送给她的这段姻缘有了跟没有一样。

你知道吗，这些表现是多么的可耻。

当初自己为之努力的，不过是为了得到想要的一切。可结果呢？一句累了，可能就真的瘫痪在原地了，就不想起身了。一句算了，可能就真的放弃了自己，放弃了一直以来的孜孜追求。

谁能接受如此不堪的自己？

我们的努力，应该是做得起自己。应该是去得起自己最想去的地方，买得起最想买的东西，看得起想看的电影，唱得起最想唱的歌曲，拿得起想拿的高薪，爱得起最想爱的另一半。

站在他旁边，你应该是最优秀的自己。要强大到，任何困难都不需要他动手替你解决。要坚强到，任何情绪、心理都无法挫败你。庆幸的是，你还能让他对你的努力，感到无比的欣慰。可以说，在爱情里，你所做的一切，绝对不能让他看不起你。

面对残酷的世界，竟然因为自己改变不了自己，反而被残酷的世界改变成另一个堕落的自己。这样的人，又怎能活出自己最羡慕的模样？所以，我们的付出，应该是要累得起自己。

再累，也要将体重降下来。

再累，也要将该完成的学业完成。

再累，也要将该做的运动做完。

再累，也要将岗位的基本工作妥善完成。

曾经差点就到手的四级证书，绝不能因为差一点点的努力而错过本该到手的四级证书；曾经差点到手的最好的 offer，绝不能因为展现不了最优秀的自己而直接被残酷的职场淘汰。

做得起自己，又累得起自己的人，常常也是爱得起自己的人。这种爱得起自己的人，其实他们一生，都在交一个朋友。

他们与自己每一次的付出做朋友。他们珍惜曾经付出的点点滴滴，绝不因为旁人的指手画脚，而废掉自己原先的努力，导致自己的追求与努力半途而废。

困难再多，他们也要把每一次的付出化为坚持自我的力量。

不过有一点千万要记住，付出和回报不一定成正比。

在细雨靡靡的一天里，你将自己捆绑在一个小屋内，思考着自己的人生。你想要的，你几乎样样都做不到。还妄想着有朝一日，能将这世界的一切都变得轻松、美好……想想，是可以的。但如果现实生活里的你，实在是样样都做不到的话，可能你的人生，就更加困难了。后来，如果你将困难给你带来的痛苦放大，那一刻，可能会让你窒息。

我是应该对你说，要安息，还是安心？你应该要做的，是坚持去做，还是维持什么都做不了的现状?

赶紧把这个世界看清楚吧! 你是怎样的，就会有怎样的世界。

没有属于自己的努力，而只是被逼着努力，这样的你，哪里算得上是真正的自己?

摸清自己的内心，了解真实的自己究竟是一副什么的模样，这很重要。

而我们对世界的心态，其实早已决定了这世界的一切。也许在这个世俗的世界里，谁也无法真正做到对一切都淡漠，但至少应保持乐观。用什么样的眼睛看世界，世界就会是什么样的。微笑并不难展露，当你习惯了用微笑面对一切的时候，阴霾也就慢慢消失。

既然一定有人成功，

为什么不能是你？

第三章

别把掌声让给
比你更差的人

别因为怕累，
而放弃努力

在图书馆看点课外书吧，还不如看看坐在你前面看书的妹子。

在宿舍里挑灯复习吧，还不如赖在床上看看网络小说。

在公司加班吧，还不如把工作放到明天才来做。

真是看不下去了，如果你累不起你自己，那你还不如待在襁褓里。

A

我认识的第一个结婚的女生，专科毕业后一直是一个全职太太。现在的一些女大学生，大学毕业的时候不打算找工作的，而是毕业了就想着结婚。因此造就了一堆没有工作经验的太太。

她家里条件也不好。现在孩子三岁了，所以想找个工作，刚好她一个亲戚推荐了她，委托了一个朋友让她到一家公司里做销售。

销售这个岗位，跑市场很正常的。可她却耐不住天气的酷热。不是那时候天气太热，而是她真舍不得吃苦。没有积累市场资源，等同没有客户会去找她下订单。没过多久，她就因为心情不好而选择了各种请假。可工作，是亲戚的某个朋友介绍的，想辞职，却碍于礼数，又不得不说明一番。

对方当然是不答应啦。人家难得承诺会拿出一份工作，你想来就来，想走就走，是容易得罪人的。介绍人的面子那么大也没用，最后还是被她丢尽了。

亲戚知情了，有了意见。才刚开始坐下，没想她却先抱怨起来，什么工作太累、压力太大、早晨起不来、午餐吃不惯……总之就是，你们的好意心领了，但就是不想干了。既然态度已经很明确，亲戚也没什么好说的了。

她老公听了很生气。他之前给她介绍好几份工作了，全因辛苦、赚钱少等理由而被拒绝。踏入社会了，居然还嫌辛苦。怕疼怕苦的，一般只出现在小孩的身上。家务又全是老人在做，家里的事几乎用不着她操心。老公虽然很辛苦，但赚的钱又不够家里的开支。

不要太心疼自己。

真的很想说一句话深深地打击你："妹子，其实你真的没你想象的那么娇贵。"

其实，咬咬牙，把任何一件事情甚至是小事，坚持下来。如此一来，大多的与岗位职责相关的事情都可以完成。但很多时候，累不起自己的话，真的是很容易丧失内心曾经火热的斗志和决心。

不要太放任自己的情绪，什么清晨起不了床呀，什么很多个人的事情导致工作需要请假呀，什么销售压力太大所以必须得离开呀，这都是你累不起的借口。若这三种情况同时出现在你的生活中，甚至渗透到你的工作，那么你认为你真的可以把该做的事情做好吗？

你看看，在人流很大的假期里，那些自己开个时装专卖店的漂亮女老板，哪个不是早早起床，去完成进货、取货和照看店面的工作。可能她们只是在九点将门打开，可是之前的时间呢？除了进货、取货，她家里可能还有其他小事需要她操心。

太多的人患有起床困难及赖床时必玩手机的综合征。

人，在该努力的年纪千万不要累不起自己，还没有听说过有谁是被学习累死的。这个世界上没解不了的题，只有不想解题的人。你心疼自己，高考和社会不会心疼你。社会很公平，所以我们的社会绝对没有坐享其成的成功。你想要的都可以通过努力去争取。要是哪一天你的努力让别人看着都觉得心疼，那你已经离成功很近了。

B

有的人，嘴上说着喜欢锻炼或者很想锻炼，可到了学校的田径场却变成了与朋友漫步，边聊边看夜景；有的人，嘴上说着要努力工作，可是要完成的工作却总是拖到最后一刻才开始着急；有的人，嘴上说着想要努力读书，可读书的环境稍微差了一点就开始怨天怨地。

环境只是客观存在，而你的行动是那么的自如，又为什么会因为所处的环境而降低你努力的质量呢？不得不说那些赖床的、行动那么自如的你，为什么会被一张盖在你身上的被子而起不了床呢？

一日之计在于晨，一天里面，应该做的事，应该马上付诸行动，绝对不能让自己的情绪拖延并阻碍了自己对人生的付出。

为健康的付出，在运动的时间，若不想运动，就逼着自己大步大步地向前跑。

为晋升的付出，在工作的时间，若不想工作，就逼着自己用战斗的心态去执行。

为提升自己的付出，在阅读的时间，若不想看书，就逼着自己死死地啃下这本与自己工作有关的图书。

期间，如果伤了，痛了，累了，那就歇一歇，好好地给自己放个假，然后再继续自己对人生的追求。追求中，应该尽可能地放下自己容易破碎的玻璃心，因为你根本就没有你以为的那么娇贵。

你觉得你娇贵？你好好想想，为什么你就那么娇贵？是因为别人在殷勤地付出时，入目的是你眼里所谓的狼狈，所以他自掉了身价吗？我想强调的是，如果你这么认为，那是因为你还没相信努力的意义。

作为建筑工人且正在搬砖的他，的确是在搬砖，的确是搬得很狼狈，也流了很多汗，还黑了很多，变得很难看。可坚持下去的他，日后的某天，必定会通过自己的努力，成功地抬升自己的身价，从而造就一身金光闪闪的他——这，就是你不得不信的，关于努力的意义。

每个人的努力，都有着自己的意义。所以，我们都应该相信自己努力下去的意义。而为此浸满的汗水，显现的伤痕，流下的血泪，无不在告诉我们：既然已经走到了这一步了，为何还不走下去呢？

已在途中的你，早已没有返途的理由。

路上的每个人，都必定经历两个这样的阶段：从开始哭着经历，到现在笑着懂得。

这一切，不过是为了在苦的时候，能有重要的人疼惜。

这一切，不过是为了在累的时候，能有个肩膀懂得自己的腰酸背疼。然后，你来一记小拳捶他胸口，他看已经这么累的你，居然还有撒娇拼搏的精神，为此，他的嘴角不得不露出一丝喜悦。

其实我也知道，从开始哭着经历，到现在笑着懂得。不过是为了在苦的时候，能有人疼惜。在累的时候，能有个肩膀恰时出现，然后让你枕着。一边安慰你，一边给你一切的舒适。就这样，安稳在他肩上的你，在等着接下来的路上，能够遇上一场盛大的风景。而那次风景的到来，不过是为了衬托你俩为了生活的相濡以沫的爱！

即使沿途云雾遮掩，你也用不着害怕。怕只怕，累不起自己的你，有的只是一颗玻璃心而已。

过所爱的生活，
爱所过的生活

比生活本身更重要的，是生活的方式。

见过太多富足或贫困的人，可真的很少见到一个真正懂得生活的人。

不懂生活的人被世俗贴上诸多标签，在日复一日地朝功利的方向努力着。这种默认平庸或过分鸡血的方式，完全无法让他们等价于享受生活的上等人。

A

我非常羡慕一个邻居，她似乎永远活在我最渴望的双眼之中。

这一切，很可能只是因为她出生在我非常羡慕的家庭。不过有一点需要说明，她的家境比我家差，可日子却过得非常富裕。

每次翻开她的朋友圈，我真的不太相信，她家真有这么穷吗？朋友圈动辄都是各种美食，各种旅游，各种炫耀。

> 包饺子呀，全家总动员。
> 惠州西湖旅游呀，全家总动员。
> K 歌呀，全家总动员。
> 到海鲜馆吃饭呀，全家总动员。
> 到公园里烧烤，全家总动员。
> ……

她弟弟还不断地跟我说，他爸爸失业，而且被老板拖欠薪水。妈妈是在家当全职太太的，平常只能在家里织点东西帮补家计。越听，我真的越不信。他居然还说，自己还在读大学，每年高昂的学费，更是家里的主要负担。他姐姐虽然已经出来工作，但也是刚毕业不久。不过他姐姐没拿到学位证，所以经常被迫换工作。银行里仅有的一两万元存款，与每月零碎的三四千元收入，是他们家庭重要的支撑力。

后来经过严密的数字计算，我才终于相信了她弟弟的话。原来他们日子过得这么富裕，全是因为她爸爸真的太会组织家庭活动了。

在家里包包饺子，全家总动员，总共的成本居然还不到
两百。

出来K歌，全家总动员，总共的成本居然也才两百多。

惠州西湖旅游，全家总动员，总共的成本也才那点油费。

到海鲜馆吃饭，全家总动员，总共的成本也才三百多。

到公园里烧烤，全家总动员，总共的成本也才两百多。

她的朋友圈并不是天天在上传这种富裕的动态。我仔细地观
察了时间点，这类富裕的动态在朋友圈上传的时间间隔，恰巧是
一个月左右！原来，他们家每个月都会组织一次总成本很低的家
庭活动。

加班、熬夜、工作，是许多人的生活主题，就连私人的时间
也挤不出丁点来。起床了，就得到公司工作。回家了，已是晚上
入睡的时间。在我看来，这些忙碌的人再怎么富裕，也无法与她
所在的家庭相比较。

可能大多数人和她一样，身处普通的生活环境，做着普通的
工作，长着普通的模样。可是生活，却可以与你的环境、工作、
颜值都没什么关系。因为生活，你爱怎么过，就可以怎么过。

你的生活，应该是你精选之后的样子，而不是被别人推动出

来的走走停停。生命与生活的自主权，永远掌握在自己的手上。自己主动精选出来的，才是专属于自己的生活。

现在的你，终日在都市工作的忙碌之间。你可能有很多想法，可除了工作什么也做不来，这哪里能谈得上实现自己幸福、美满的生活呢？

专属于自己的生活，应该与理想匹配。对世界保持最普通、人性本能的好奇心，偶然将小个子的头颅从这个世界探出来，观察观察。难道你不想在有了一辆豪车之后，再载着你的亲爱的，到外地来一次自驾游吗？

B

更高层次的话，你应该把生活当成一个好朋友，然后大胆地跟它谈谈你的理想和愿望。想出入一次高端的红酒品鉴会，你就要告诉它。想享受一次水疗 SPA，你就要告诉它。几乎你的任何想法，都可以告诉它。因为你一定能做到跟自己的生活无话不谈。

不要觉得一切都是可望而不可即的，不要认为自己的有些想法是可笑的。当你所有的想法传达到它那里之后，它虽然不会说话，但它是最懂你的，还会迫使你更有力量地去追求专属于自己的生活。

努力，是生活给你的答案。它静静地给你力量，让你得到突破困难的勇气。它也不止一次地告诉过你，为了生活，你必须比别人更努力，更上进，甚至要比别人付出的更多。

所以，要从找到一份自己喜爱的工作作为你生活的起点，并为之努力。工作之余，你要为自己保留一点真正喜欢的东西，去做一点你真正想做的，哪怕在别人的眼中你是在"浪费"时间。可事实，它真的就是你想做的事。

你不会依靠它养家糊口，同时，它也无法提供你生活所需的"营养"。毫无营养的事情，可是你就是喜欢，这也说明它对你来说是有一定的意义的。

打个比方好了。

我非常向往的生活，是在自己用稿费买下的一套别墅里……周末的清晨，在自己别致的书房，写点小情怀的诗歌，喝杯香喷喷的奶茶，然后漂亮的女朋友做好了早餐过来喊我。可其实，我只在乎她性感又漂亮的样子，白白的美腿，还有她很时尚的打扮。写作之余，偶尔可以跟她来个拥抱，或者 kiss。突然，落地窗的窗外有一阵幸福的笑声。我回头看去，原来是我的粉丝在窗外偷看。她们幸福的笑声，正是祝福我们爱情的开始……

我多想，过上这种生活。虽然只是工作之余，虽然它也无法提供工作能够带给我的生存资本，可是我却非常喜欢、非常想要得到。这种，无异于是一种成就。假如我真的做到了，那便是我建立一个幸福又美满的家庭的开端。

所以，当别人取笑你高谈阔论的时候，千万不要因为别人的看法而放弃自己的所爱。一个人难得有自己想爱的人，想爱的东西，想爱的事。被压抑着的现代化都市，导致许多人的生活永远只是三点一线。从家里的休息为起点，经过公司的工作，然后又回到起点。如此一来，即便给了处在这种生活状态的你一个周末，你也无法将难得的周末过得让自己和他人羡慕。

生活，应该偶尔来一点波澜。这种再美好不过的状态，应该是你处理好了困难之后，给自己的一个褒奖。或者说，你要为了这种状态努力、奋斗。而不是读书时想着单词有没有背完，和朋友出去玩玩时想着明天的演讲还没准备，吃饭时想着项目没有完成，旅行时想着考试还没复习。

困难并不一定是折磨，困难越大，你就可能成长得越快。

李笑来老师曾说过："如果在做事的过程中没有出现任何问题，那肯定不是在做事，而是在做梦。"所以，勇敢地选择，大胆地去做就是了。这个过程可能会很痛苦，但你要坦然接受。不仅要接受还要牢记,要坚信,还要实践。

据统计,绝大部分的工作、任务都是枯燥而又无趣的,所谓有创意的部分,可能连百分之一都不到。如果把生活理解为完成一项又一项任务,那么我们的生活会枯燥无聊成什么样?

你可以边看美剧,边学英语,语法、词汇都能积累。你也可以边绘画,边思考今天的文章,也许灵感会更多。

将自己的爱好融入困难,困难就不再困难了。

总有人兴致勃勃地把枯燥无聊的任务圆满完成。总有人津津有味地把难以理解的书籍全都啃完。他们或许是换了一个自己喜欢的环境,或者是换了一种自己喜欢的心态,而效果却超过常人,效率也高于常人。

别把掌声让给
比你更差的人

　　曾经跟你生活在同一个宿舍的女生，她不仅长得不太好，皮肤也差，还不爱干净，甚至还把生活过得比你差多了。

　　"真不懂，她在宿舍那么脏乱差，她男朋友到底知不知道？"

　　三年之后，没想到她竟然能拿到名企的 offer。

　　而你呢，不仅拿不到专业对口的 offer，还堕落成一家中小型企业的前台。

A

　　其实从毕业那一刻起，差距就已经决定了。

　　小莉比较特别，她为了买房，愿意降低生活质量。而阿贝，却刚好相反。毕业之后，小莉到了海南省的一家化工龙头企业工作，属于操作岗。三班两倒的生活，她也愿意。而阿贝呢，更加倾向于那种轻轻松松的工作，果然，她也实现了自己的想法，在深圳一家企业当了前台。两人的工作，一个轻轻松松地坐在那里，一个辛辛苦苦地站在岗位操作装置。

由于化工行业的前景良好，在海南省的发展也十分迅速，因此公司决定给各个车间核心的员工，分发公司的期权。期权这个东西，不比股票，但却有着与股票相当的价值。大型的化工企业，上市需要在缺乏资金的时候进行很好的融资。而期权，又能在公司上市之后，实现股票的功能，同时实现员工一夜暴富的梦想。

三年以后，公司果然如期上市。而每年六月一次的期权分发，终于在第三年时分发到小莉手里。签了相关协议时，小莉终于体验了一次相信努力的意义而带来的结果。

暴富之后的她，加上三年的存款，她给老家的父母建了房子。从前的瓦顶房，变成了如今精致的三层大楼房。而坐在办公室里工作轻松的阿贝，听说这个消息时，还领着可怜的工资，存款连同学的零头都没有。

短短三年，大家都在一个陌生的城市，却有了不同的收获。小莉当然比较努力，吃了不少苦，她作为一个女生，偏偏在一个苦闷又要熬夜倒班的车间搞这搞那的。这种听起来很辛苦的工作，她完全没有嫌弃。虽然同一个车间的个别同事没有这个待遇，但他们见着其他同事发财了，也都开始恶补相关的操作知识，与专业知识。

问题，来了。如果你跟一个你认为比你差的人相提并论，你会成为第一个吃螃蟹的人吗？

让现实回答你这个问题吧，因为一切还在后头。

至于前头，都已经成为过去。

过去的你，曾不止一次地在他面前数落他，说他到底有多差。就算现实中你没这个胆量，相信你也不止一次地在自己的幻想中不断地数落他。

过去的你，曾不止一次地向他投去非常鄙夷的目光，看他到底有多差。就算你怕他发现你是在鄙视他，相信你也不止一次地在他不为意的地方偷偷地鄙夷他。

这一切，全是因为你真的看不起他。可其实，这些人的心态，是你怎么也想不到的平静：他们总是以平静的心态迎接崭新的一天。也许，正是这种平静，才能安然度过你鄙视他的日子。

太多关于个人成功的书籍和课程，似乎将我们看作机器人，完全忽视了人类情感的巨大力量。我们在一天开始的时候，情绪越平静，就越容易在全天保持平静的心态。因为，如果我们在平

静的状态中迎接崭新的一天，我们就很容易保持专注，完成该做
的事情。

譬如说，宿舍书桌的台面不干净，他们一样学习，一样看书。
就算被你多次当面数落，他们也没把这事当成是事。生活依旧平
静地过。该上的课也一样平静地上。好了。直到发现怎么数落也
没效果了。可能你会觉得没必要继续数落了。反正他已经没救了。
这时却转战为投过鄙夷的目光，去表达你对他的想法。结果呢，
他依然过着生活，还享受着你舍不得入手的一块昂贵的好面膜。

最后的最后，他依然在脏乱差的书桌上啃着自己感兴趣的读
物。我们每个人一定是拿自己看不起的人没办法的。不过问题不
在这里，关键在于他始终如一地专注于自己的事情上。

可能，他知道自己很差，也知道别人看不起他。可是这对他
来说完全不是一种打击。换个角度看待这种现象的话，这根本就
是坚强地面对一切！以至于困难也能在他的专注下迎刃而解！

默默无闻的他，此刻是否已经成为你心中的神？

你还在不服他的成功吗？你还在不甘心吗？

B

当你放下面子赚钱的时候，说明你已经懂事了。

当你用钱赚回面子的时候，说明你已经成功了。

当你用面子可以赚钱的时候，说明你已经是人物了。

为什么要提起"面子"？你想想，连你认为比你更差的人，都能逆袭，并且还反超了你，这说明了什么？你的尊严和玻璃心还不碎了一地？你曾经数落她的那种气概呢？

就算你曾经是校花级人物，生活丰富，但只要她还是先于你实现了自己想要的生活，那么她始终是有资格把你看成笑话的。

简而言之，再怎么失败，也绝对不能让比你更差的人先于你成功。你活得很自在，想刷朋友圈就刷朋友圈，想看韩剧就看韩剧。但我建议你拿自己的生活，跟你认为比你更差的人的生活比较一下。一旦他在你娱乐、悠闲的时候进行努力，而且还常常出现这个情况，说明他存在了无限的可能性。

这时候，你最好可以问问自己的内心。不多，就两个问题：

既然谁都可以成功，为什么偏偏就不是你？

既然谁都可以失败，为什么偏偏就是你？

有的人，只有跟别人相比之后才有动力去努力。这时候，所挑选的对象最好是你认为很差的人，然后两个人相互竞争。这种情况给你打的鸡血，会非常有效果。

但有的人认为，我们的努力不是为了不输给别人。当你能做到不与别人比较，也能做到坚持努力，这时最好就把比较的对象改成自己，只求不输给自己。

不愿意输给过去的自己的人，他们常常对成绩单的分数、银行卡存款的数字以及薪水的多少非常敏感：

当英语四级才考了两百多分，你决定以一年多的努力将其提至及格线以上的分数；一年后虽然还是没有达到及格线上，但数字却一直在逼近。这时不妨大胆地猜测，上次差了两百多分，努力了之后现在差了几十分，这似乎是在说明在下一次的四级，有超过一半以上的概率能达到及格线上了。

当你花费几年的时间去努力，以买一辆豪车为目的，尽管存款始终没有达标，但数字却一直在逼近一辆豪车的价格。换句话说，你在前进的征途中没有将自己的步伐停下，并始终坚持着自己的方向，从而踏出的每一步，都异常坚定，并且迈力十足。

风大，雨大，不用怕，怕只怕那些默默无闻的人，在进行默默地逆袭！

留一个愿望，
让自己想象

小学的语文老师曾问你长大以后想当什么……你的回答，你大概忘了吧！

经过残酷的高中，却考不上好的大学……

然后在差的大学里，还不奋发图强、努力学习……

不仅如此，你出社会的时候，还找不到好工作……

终于，你到了以为可以歇息的时候了，可结局，竟是你与岳母只差一套房子……

社会那么残酷，如果可以，请你尽量留下一个愿望，让自己想象。

A

高中的时候，班上有一对很恩爱的情侣。后来，他们分手了。大学毕业之后，他们终于再一次相遇了。可是，他们跟之前的情况已经不一样了。那天，他发现她变得很胖了。不仅如此，一身懒散的感觉还迎面扑来。究其原因，是她出社会之后，变得更加懒了。

十八岁起，你想要有很多成熟的自拍美照；想谈一场疯狂又无果的深刻恋爱；想交一个可以随时互黑又随时互助的闺蜜，在某个夜晚来一个酩酊大醉，或者跳一场最诱惑的迪斯科。

然后，在二十五岁之后，你想要结婚生子，学习烹饪家务，要工作、学习，然后收敛幻想，藏起疯癫，安稳生活，岁月静好。

当你把一切都设想好之后，初入社会的你，终于发现原来所处的环境，完全不如你之前的设想。朋友圈上传一张工作时的美颜照，别人却留言说是假的；将一场深刻的恋爱当作回忆吐露，男朋友又会生气；因为黑闺蜜黑得太多次了，闺蜜又会在你背后黑你；终于来了一场酩酊大醉了，可居然是被别人灌醉的；总算学会跳一支性感诱惑的舞蹈了，可居然因为不是很熟练而在台上出糗了。

二十五岁之后，要结婚生子，可对象处来处去都不怎么满意。尤其是想找到最想要的、最合适的，还要很高、很白、很帅、很富有、很有本事，这种难度更大。后来才意识到，原来长到一定年纪之后，随意找个人嫁了是普遍存在的。

然后，好不容易才将自己嫁出去了。工作之余，家里的自己其实是非常懒的。偶尔还没时间做饭，或者不想做饭……什么家务呀，勤俭持家呀，这些需要坚持与努力的东西，很多人都做不到。工作了，结婚了，真的会有时间学习吗? 未来的你可能会这样问自己。

不过最后的安稳生活的确是真的。毕竟没几个当妈的愿意亲眼看见，自己将亲手建设的家庭变得支离破碎。至于在后来能否享受岁月静好，这还要取决于自己精神层次的境界。

梦想很丰满，现实很骨感。

经过长时间的摸爬滚打，社会能将你打磨得很圆滑。

不如，将从前的一个美好的愿望保留，随之展开想象。曾经的你，是多么的优秀，多么的成熟。现在的你，虽然远不如从前的你，但曾经的这份美好，应该留在真实的心底，给自己一个美好的回忆。

社会那么残酷，很少有人能将曾经一份深刻的爱保留至今。假如后来的自己因为选择了努力，而被迫忍受孤独，虽然形单影只，可你的心灵，其实还残存从前美好的一份爱。

美好的愿望，是现实人生的阳光和雨露。我们抱着美好的愿望去生活，去努力，状态是不一样的。因为生命没到尽头，人生还有意义。我们如果没有任何信念，只是为了赚钱吃饭，然后能享受一下面膜就享受一下面膜……这般地活着，像是行尸走肉。你曾经信奉爱情的灵魂呢？你曾经追求渴望的精神呢？

城市的马路上，公交上，许多人独自待着，没有一点生机。还年轻的我们，不能没有朝气，不能只懂得埋头工作。假若你的精神贫瘠了，请来一次愿望的甘露与阳光，滋润疲劳。

社会这么残酷，我们要坚持怀着美好的愿望去生活。如此坚持自我，很需要足够的底气和勇气。坚持每天读一点好书，坚持每天付出一份努力，坚持每天将自己的头发理一下，坚持每天穿着高跟鞋出去，坚持……

如果你被现实社会的残酷改变了，请不要忘记，深刻的爱情，时间会给你的。

B

理想不够坚定。

信念不够恒久。

将自己的荣辱和喜怒置于众生之上，你就总会失败，总会受伤，总迷失方向，总质疑世界。

一个自以为刻骨铭心的回忆，也许别人早已忘记。爱情的本体，是自己。所以我们永远不该放弃自己，要坚信自己是美的，是智慧的，是上进的，是有包容力的。

我明白你会来，所以我在等。

即使在千万人中行走，你也能一眼认出是他。因为别人是踩着地走路，只有他是在向你走来。

人生一世，总要有个追求，有个盼望，有个让自己珍视，让自己向往，让自己护卫，愿意为之活一遭，乃至愿意为之献身的东西。幸福不会总来敲门，爱你的人不会总是出现。当有人，愿意为你默默付出、忍受、改变时，请记得一定要好好珍惜。因为，有的人错过了，真的就再也回不来了。

不去抱怨，不浮躁，不害怕孤单，能很好地处理寂寞，沉默却又努力，那时说不定你长久以来的愿望，已实现在你的手中。

爱情怕撒谎。

当我们不爱的时候，假装爱，是一件痛苦而倒霉的事情。

毕淑敏曾写道：假如别人识破，我们就成了虚伪的坏蛋。你骗了别人的钱，可以退赔。你骗了别人的爱，就成了无赦的罪人。假如别人不曾识破，那就更惨。除非你已良心丧尽，否则便要承诺爱的假象，那心灵深处的绞杀，永无宁日。

　　有的人为了你把心掏了，你却假装没看见，因为你不喜欢。
有的人把你的心掏了，你还假装不难过，因为你太爱。

　　大多数人总是觉得自己还年轻，便不甘心对世界认输。有自
己的脾气，有死都不放的固执。

　　有一天，岁月磨平了棱角，年华腐蚀了心气，我们才开始在
渐行渐远的时候，怀念最初的自己。

　　做一个安静的人，于角落里自在开放，默默悦人，却始终不
引起过分热闹的关注，保有独立而随意的品格，这就很好。

　　每个人心里，都住着这么一个人。遥远地爱着，这辈子也
许都无法在一起，也许都没有说过几句话，也没有一起吃饭看电
影，可就是这个遥远的人支撑了你青春里最重要，最灿烂的那些
日子。以至让以后的我们想起来，都没有遗憾、后悔，只有暖暖
的回忆。

　　不管全世界所有人怎么说，你都认为自己的感受才是最正
确的。

　　无论别人怎么看，你绝不会打乱自己的节奏。

　　喜欢的事自然可以坚持，不喜欢的怎么也长久不了。

为什么我们总是不懂得珍惜眼前人？

在未可预知的重逢里，你以为总会重逢，总会有缘再会，总以为有机会说一声对不起，却从没想过每一次挥手道别，都可能是诀别。

每一声叹息，都可能是人间最后的一声叹息。

你努力了这么久，得到的却是一声叹息，你甘心吗？

还有，陪你一路走来的愿望呢？

还有，在你身后一直在看着你付出并永远支持着你的人呢？

……

任何人的离开，总有原因。

其中可能的一个原因，是比你优秀的人真的太多了。因为你不优秀，冥冥中失去的东西才那么多。为此，你不得不比别人更加努力。

更有甚者，你不能因为任何理由而选择半途而废，更不能就此颓废自己。因为没有人可以被允许不努力，就能够得到这个世界。

愿望的长久，在乎他在你心中的日子里。

刚巧赶上对的事情

愚人节到了。

她发了一条信息：在不，有没有红包先给我发 10 块钱，急用。看在彼此的交情上，你发了一个 10 块钱的红包。结果，她却恭喜你愚人节快乐并且还声明这是群发的：不要骂我，我这是群发的。这钱呢，我是不会还了的。不过我还是可以告诉你，你是我真诚的朋友……

合得来的朋友，几个，就够了。

刚巧的人，出现在刚巧的时刻。

刚巧赶上对的事情。

A

前几天，朋友说她的一个闺蜜被开除了。我身为她朋友的朋友，犹豫了好久，不知道该不该致电安慰。好在她终于找到了适合自己的公司。

也许很多人都不知道。对的事情，总在后面。刚巧的人，总会出现在刚巧的时刻。有些人，很希望你能来，但不遗憾你离开。这种境界虽然很难做到，但的确会有部分的人可以做到。

像她，她不合适之前的公司，不是因为她不努力，而是因为各种客观的因素。而且她没有因为这种不得已的失败，而放弃自己。我们都应该像她一样。

不努力的人，常常自卑。然后又因为自卑，缺乏再次努力的干劲。那种心情，不是所有人可以体会的。

以前班里有一个女同学，在一次文艺晚会的时候，选择了一个极其阴暗的角落入座。那次的文艺晚会，在科技礼堂举行。甚至连入座之前，人群都熙攘在大堂门口检票的那边，而她，却选择了在花园的砖台边坐下。我一看，当时就吓了一跳。那边的氛围太过漆黑，她居然也愿意坐在那里。而且又没什么人，就她一个人。

不仅如此，据我了解：成绩单不好看，她也认为很正常。

答辩不及格，她也接受。

没有男朋友疼惜，她也无所谓。

这并不是说她不好，而是她真的太自卑了，所以才接受一些很差的结果。相对而言，往往自信的人，才更有干劲。

在对的事情出现之前，我们应该做好时刻的准备，并以最好的姿态迎接最对的事情。

在对的人出现之前，我们应该做好时刻衣冠的整理，并以最美的姿态迎接最对的人。

反观另外一种不该有的心理，认为自己很差，所以世上很差的东西才是适合自己的。这种长久以来对自己进行的精神扼杀，是一种精神屠杀。存在这种观念的人，任他怎么努力，收获也难以丰富。因为，他努力的力度，远远小于别人正常前进的力度。

能够在刚巧的时候赶上对的事情，真的需要时刻的努力。这种事情甚至需要用到概率才能准确的形容：

一个渔翁，每天都会到海里捕鱼。可有一天，一阵海风突然袭来，他随之有了想吃母贝的冲动。结果一打捞，母贝里居然有一颗珍珠。

每天努力捕鱼的他，突然在上帝垂青的这天，在刚巧袭来的海风中，遇到一次发现珍珠的机遇。

成功的人，常以努力的姿态，时刻迎接着即将来到的风险。

而尚未成功的我们，应时刻以努力的姿态，去迎接突如其来的机遇。也许在命运的某天，努力的你就遇上了最对的人。

B

大多数的你，只是有着普通的人设。而且付出的努力，全是比较低层次的。

不仅如此，甚至你们跟他、她，都非常像。

永远落后的自己，好像没有任何胜算。因为，自己的步伐，总跟别人一样。

如果你这么想，那你就错了。每一次付出，都必定会有自己的价值。就算你实现不了自己的梦想，付出的几年努力至少也提高了自己的能力。虽然，大部分人想要的生活，有背景的人毫不费力就能触手可及。但是，你也不用气馁。因为生活的意义，永远在于你有没有把日子过得精彩。

偶尔读上一本有意思的书；每天拿出部分的时间充实自己；周末去逛一次畅快的商业街；在家看上一两集喜欢的电视剧……多姿多彩的生活，永远离不开汗水的浇灌。更高级一点的，有时候可以在周末的早上花点时间，学一下如何制作鲜榨的水果汁，还有喜欢的甜品，如提拉米苏。

付出了那么多，总得挑个时间好好地在一个美好的清晨，安慰一下自己：鲜榨果汁的美味，搭上提拉米苏，那怎是一个好字了得。

这种来之不易的对的心情，恰逢于对的时刻。

经济基础决定上层建筑，时刻付出决定何时是对的时刻。女生 10 岁而乖；15 岁而聪；20 岁而甜；25 岁而美；30 岁而媚；35 岁而庄；40 岁而强；45 岁而贤；50 岁而润；55 岁而醇；60 岁而慈。

对的气质美，应该出现在你对的时光。

不要去问，为什么你在 10 岁的时候必须要乖，在 60 岁的时候必须要慈祥？

10 岁的时候，乖孩子不是最好的吗？

60 岁的时候，慈祥不是最好的吗？

不要把自己最美的时光，当作裁剪出来的一块精致的布匹，毫无保留地剪切进另一名对象的生命中。20 岁到 25 岁的美好，不应该就此浪费。如果你的生命只有十分，那便尽量只能七分赋予最爱，剩下的三分，得拿来修饰自己。

花点时间，喷点香水。

花点时间，付出殷勤。

花点时间，秀出最美。

对的时间，付出对的努力，便能以恰好的时间，取悦自己的生活。

生活，哪里用得着天天累得死去活来的。不能提倡天天过得跟苦行僧一样。那种刻苦的修行生活，哪里是一般人需要具备的呢！

如果你在最美的时光，拥有了最对味的生活，再付出最对等的努力，然后坦然面对不如意的一切，那么，你便成为世上最入流的女生。然后，再舒适地翻阅最有韵味的一本书籍，品上最为惬意的咖啡，度过一个最美好的早晨。

窗景下，淡淡的舒适涨满你所在的四周……

如此，便是你最对的时刻。

未来不是憧憬，

要靠自己的双手去打拼。

第四章

要努力，但不要着急

你受了那么多的苦，
一定是为了值得的东西

"吃苦越多的人，越命苦。"这话太刻薄了。

"吃苦要吃有甜头的苦。"难不成还要挑苦来吃？

也许，你暂时还不明白某些道理，所以吃来的苦，才会苦上加苦。

A

好朋友最近入职了一家公司。按理说，试用期最好不要违背公司的规章制度。可她却因一段感情而早退了一次。做产品的部门，相对来说都比较重视人才。因此，她领导连一句斥责也没说一声。

某次，视频部门遇到了困难，不得不找产品部的她配合一下。而当时，部门里也就她的能力最靠谱。慢慢地，越来越多的工作叠加在她身上。

在入职不到半个月时，同事们全下班了，她自己还在加班。互联网公司有个特点，涉及用户体验和技术研发这两个块的，都非常忙碌。很多时候，她微信找我，坦言自己特别想拎包走人。那么大的部门，没道理就她一个才加班。

产品上线了，以为她会跟我说些终于完成了这个项目的开心话，结果竟是："才试用期，居然已经加班了不下十八次了。"受不了苦，想走的冲动她又有了。

幸好，她没有特别希望自己是富二代，可以裸辞，可以在家混吃等死。工作中，明明彼此不熟悉，她也会强迫自己接受对方对你微笑的虚伪；岁数明明已经越来越大了，可还是愿意叫领导一声姐姐，还是愿意接受被领导批评的不好滋味；连续加班好几周，虽然倍感委屈，但在回复领导的时候，她还是说愿意加班。

虽然她老是想辞职，但最后还是为了值得的东西，而不得不选择吃下工作中所有的苦。虽然加班频繁，但她还是选择留下来。有时，各部门的领导会因个别的意见分歧而存在一些钩心斗角，这种"宫斗"的生活她也能接受。

在这个简单又常见的故事里，我们不难发现，只要心中有了那件值得的东西，我们面对困难时自然会铆足了劲儿。这是其一。其二，只要是工作中遇到的苦，她全都应对，一口就干了陆续送到嘴边的苦水。

有人说，人生有两杯必喝之水，一杯是苦水，一杯是甜水。没有人能回避得了，区别不过是不同的人喝甜水和喝苦水的顺序不同。

上次之所以早退，是她担心跟他父母正式见面可能会迟到。而杜绝所有迟到的可能，是她唯一能做的。

"我们希望找到的是一名优秀的女孩，而不是整天在期待着什么你负责漂亮，他负责赚钱这些不切实际的生活。"他妈妈说。

为此，她悄悄地哭了。曾几何时，她多么向往她负责漂亮，他负责赚钱的生活。而临时抱佛脚地找了这份工作，她也只是为了可以成功嫁给他。

在面对他妈妈看不起自己与不得不吃苦的情况下，她毅然地选择坚持下去。

成功嫁过去的她，身上沾染过的苦涩气质，如今却成就她辉煌靓丽的不俗气质。

而你，不妨低头环视，看看自身散发的气质，能不能经得起磨炼。

B

爱是所有苦难最高的回报。你听了之后说，是的。

因为在你心中，爱对你来说，是一件值得的东西。这东西，虚幻存在于这世上，无形无色，难以捕捉。根据不同的情况，它分为好几种，也是更值得解说你生命质量的衡量标尺。

第一种爱，它常常挂着泪珠，很凄美。它，叫放弃。

深夜里醒着，心莫名地痛，有种被撕裂的感觉。在这些所有痛哭的时候，也许你都在不断地向上帝发问：失去了他之后，日日夜夜怎么交替得那么快？不仅生活失去了滋润，皮肤也在悄然中开始干燥。然后就是，永无止境地敷面膜，打面霜。要是连最美的姿态都保不住，何来吸引最爱的他？

为了在他面前展现得更加轻松，你一定要在泪花落下之前，转身离开。他也就只能接受你背影给他带来的伤害。然而，爱情始终是一把双刃剑。你眼前的泪，始终也在伤害自己。

明明是深爱，却表达得不完美。所以，它就没有那么完美了。

第二种爱，你陷入其中，还深知放弃才是最好的，可终究还是舍不得离开。

第三种爱，你明知是煎熬，想躲的时候却还是无法躲掉。

第四种爱，你明知没有前路，可心儿却早已收不回来。

现实中的你呢？你现在面临的是哪一种爱？

虽然现在的你，很可能无法判断自己的爱，需要怎样经营。

有一个辩证爱情的标准，想在这里提醒一下你。爱情，始终不是游戏。爱情，也不是同情。

若把它当作一次游戏，可能爱情里的你，在乎的始终是谁胜谁负，然后又是谁入戏谁痴迷。爱情，必须是真心的付出。不管归处将是哪里，你都想在心底留有一份纯真的美好。从来没有轻易对别人动心，突然发现自己深深地爱上了他，那种滋味真是难以用言语表达，是喜悦？是悲哀？

另外，爱情，并非同情。曾经，遇到过一次这样的经历，让我深深有此领悟：

一名女生，家境不好。别人在课余时间之余，跟朋友聊天放放松。可是，她却在死劲地找准一个逃课的机会。因为只要抓住了老师不在意的瞬间，就能在课堂歇息的十分钟内，成功跑出去做家教。

后来，朋友了解到，她父亲早已去世。家中的母亲，因为务农的收入太低，还不得不依靠每个月仅仅一千多块的收入维持生计。她，跟她母亲不一样。她母亲不用她来养，已经很好了。自己在校的生活费，也得自己赚。虽然学不到更多的知识，是非常吃亏的一件事。可她，如果没有那些零零碎碎的收入，就无法正常生活。因此，她不得不逃课兼职。

后来偶然召开的一次班会，是因为她母亲得了一次肾结石，班长同情她，让大家为了"这点小事"给她进行募捐。她台上讲述家境的时候，一名男生居然因为同情，而对她产生了爱情。

我们都知道，越凄惨、越悲凉、越温柔、越善良的女孩，越受男生心疼。然后在心疼的错觉中，不经意将对她的疼爱看成了爱情。由此，诞生的这些异类的爱，让彼此难以领悟爱情的真谛。

打开窗，让眼泪痛痛快快流淌，才能学会欣赏这雨夜的疯狂，才能通过冷风将身上的愁绪打成一片明朗。什么是爱情的真谛？只要你在问自己一句，同时又能得到自己内心确切的回答，这就能分辨了：离开，你会幸福吗？失去，你会心痛吗？

　　如果，心在慢慢放松的你，依然无法把对他的牵挂放下，还更加愿意相信，当日向流星许下愿望时的天长地久，那么，他就真的是你的真爱。

　　这，便是爱情的真谛。也是所经历的那么多的苦难中，对你最高的回报，是最值得的东西。

　　你认为呢？

要努力，
但不要着急

曾经在一篇文章看到过一句话，很喜欢：如果蝴蝶在破茧之前失去了耐心，也许早就看不见自己的鲜艳结实的翅膀，也许早就在破茧的过程中逝去。

虽然这个句子有点土，可却不乏优美。

虽然这个句子道理谁都懂，可却不乏适用。

你喜欢这个句子吗？

A

朋友在一家军事实践基地工作。她比较勤奋，入职以后从未迟到。因为周围的人都是当兵的，所以没有企业里常见的打卡设备。那天，她如常上班。在她快要走进指挥中心的大门时，有个领导让她去打扫两边的会议室，而且是急用。

她有些无奈，因为她是基地的副文书，清洁打扫的这些活，哪里需要她去做。不过她也不介意，所以很快就到炊事班找到了扫把与拖把，然后赶到两边的会议室打扫。

打扫完之后，她如常工作。临近午时，她有些饿了。便到了炊事班的饭堂那边拿了几个馒头，打算顶一阵子。可当她从炊事班的饭堂出来，竟偶遇她的领导。领导的表情极不对劲，然后开始了质问："你去饭堂那里干吗？"神态十分严肃。

她说："我早上忘了吃早餐，所以刚刚吃了点馒头。"

领导说："早上又没有人不让你吃，是你自己不吃。"

按基地的制度，在路上吃馒头会影响人民心目中军人的形象，尤其是边走边吃，吃相还特别难看的那种。很快，她知道自己是错的了。这时候最好是不说话，点点头就可以了。

可领导依旧责备："那早上的时候你为什么不吃？"

她没说什么，只是随便敷衍了一句。

领导开始了更严重的质问："早上八点半的时候，我没看到你在办公室。"

领导的这话让她听起来十分委屈。既然领导说在八点半的时候没看到她在办公室，一定是在批评她迟到。可她今早绝对没有迟到，因为她走进指挥中心之前，已经被领导叫去打扫会议室了。由于扫地之后又要拖地，所以她费了不少时间。

估计，她在两边的会议室打扫的时候，正是领导看不见她在办公室的时候。这时候，问题来了，明明是领导让她去打扫会议室的，为什么却坚称她是迟到的呢？

难道，领导忘了？

不会呀！她认为领导的印象应该是很深刻的才对的。因为领导有检查卫生，而且两边的会议室，她还给它们进行了科学的打扫。有报道说过，打扫一间办公室是有窍门的。

打扫完了之后，她又一丝不苟地给地板的光洁程度进行了一次翻新——拖地。

当时她拖地拖得很认真的。看着眼前的一片亮堂堂，她心里也非常有成就感。

而且打扫之前，她为了快速又有效地打扫，还在心里面衡量了一下打扫一个会议室的时间。没办法，手上的文书工作较多，打扫卫生要做得很好同时又要有速度。

所以，她才会认为领导对她的清洁工作会有不错的印象才是。怎么说能忘就忘呢？

后来，领导还是要按规章制度处罚她，其中包括了迟到和影响军人形象。

她急了："领导，今天早上是因为您让我到两边的会议室打扫，所以在八点半的时候你才没有看到我在办公室。难道您忘了吗？"本来这话不该说的，因为就算是领导错了，她也不能如实摊牌，最多委婉一点告知。

领导听了，果然很尴尬，很纯粹是因为自己忘了，所以才会批评她迟到。但领导又来了一句，让她听了诧异不已："你还好意思说你打扫了会议室？真不知道你是怎么打扫的。打扫会议室连桌子也不抹一下，难道是因为你没有看到桌面上的香蕉皮水果屑吗？"

B

假设打扫会议室是一次小成功，这件事情仅仅是因为她没擦桌子而导致结果的颠倒。这种差一点点的成功，居然因为心急而以失败告终。这可不可惜？这浪不浪费？

因为心急与成就感的袭来，她就这样忽略了台面需要清理的细节。

如此一来，成功便与她擦肩而过。

很多人在面对快要到手的成功时，很容易会急着去成功，然后会在心急的时候不小心犯下一个错误。后来又因为错误而给结果带来了一个误差，从而使触手可及的成功突然消失。

着急容易出错。而且心理学说，办一件事情突然心急是一种不成熟的表现。心急的时候，会突然疏忽一些重要细节。

不努力的人生，没什么色彩可言。既然选择了努力，就要切切实实地将努力落在自身的学业、工作中。闲来无事可以翻阅对未来有帮助的书籍，但翻阅这本书的时候不能急，因为阅读的意义，不在于你究竟看了多少页，只在于你看了多少，懂了多少，学到了多少。而能不能将学到的东西实践在生活中、工作中，这就是个人能力的问题、是否学有所成的问题。

具备优秀阅读习惯的人，总是能比一般的人更先一步平步青云。新东方的俞敏洪，大学的时候看了几百本书。想想，如果你极其仔细地阅读了几百本的图书，这个知识量的储备会有多可怕。

又如果，你阅读的这几百本的图书都能对你以后的发展会有帮助，可想而知，这些知识的含金量会有多可怕呀！可能连你自己都会害怕知识储备量很大的自己。

反观那些一个学期在图书馆借了两百多册图书的人，如果只是为了翻阅更多的书而翻阅，他们因此的努力也只是急着努力而已。

想成功的人，必须要努力。然后成功了的人，心态必须是成熟的。

成熟是一种明亮而不刺眼的光辉。学会成长，懂得感恩。遇到事情错了一步，下一次再遇到同样的事情，绝对不能犯下同样的错误。

　　记得高中的时候，我的物理老师在上课的时候就说过这么一句："考试的这道题课堂上已经讲过很多遍了，我现在再一次进行讲解，直到讲到你们懂了为止。如果下一次还是有人做错这类型的题目，我就再讲，直到你们再懂了为止。"

　　成熟的人心态很稳，所以很少犯错，甚至连现在的女生也在追求成熟。

　　不成熟的人，必须比别人更努力，才有超越的可能。然后更多的努力在催促着你必须还要更努力的时候，请你别着急。因你不能因为心急而出现了瑕疵。你最应该做的，是将一件事情尽可能地做到完美，甚至要将现在的生活和将来的生活做到完美。这并不是为了让你急着成长，也不是为了让你急着成熟，更不是为了让你急着成功，而是让你警惕自己，最近的自己到底有没有努力。

　　太多的理由让你必须努力了。

　　不具有先天优势的你，是否有勇气问自己一句："最近的自己，有没有努力。"

该来的始终会来

如果心里住了个不可能得到的人，这样的日子又怎么会好过呢？

不如尝试一下，放宽自己的心态。

让生活回到最真实的模样，免去一切强求的苦楚。

给了的就别可惜，该走的就少在意。

A

忙中带闲非常好。可是，以前的一个同事就非常喜欢忙着的时候，还夹杂着一些焦虑。

又忙又有点焦虑是她如今生活的常态。偶尔，她的微博上，会有人私信她，问她哪里来的这么强大的动力。

生活这东西，其实哪来的奥秘。只是伤心的她，曾经被近乎几十个人施加打击："别做梦了，你怎么可能买豪车，你不跟别人借钱就算不错了。"

有时候，她被逼着上交非常多的论文。有一阵子，她真的疯了，就差点撕书了。幸好没有撞墙。也幸好，写作是她喜欢做的事情。所以每逢最后的节点，总是能坚持下来。然后有一天，她回头看，才发现这么一个她竟然战胜了那么多负面情绪。

总要等到走完那段路，回头看的时候才发现，两边的风景跟来时有些不同。

如果真的有坚持下去的诀窍，大概是她能够不断地从身边吸取正能量。一段视频也好，一首歌曲也好，一本鸡汤图书也好，然后慢慢地把自己变成一个正能量的人。如果不可避免地遇到挫折、孤单、难过，那就去面对。

其实他们都知道这个世界是什么样子的，物价飞涨，压力越来越大，不公平的事情越来越多，生活的节奏越来越快。当时间把你从青春的乌托邦拉出来之后，任谁都不能那么快地找到方向。

于是，大家都开始着急，急着打工，急着赚钱，急着找到未来的方向，甚至急着去爱。你看，朋友圈那个谁又上传了自己去马尔代夫的照片；你看，别人家孩子现在在大公司工作，收入不菲；你看，隔壁家那谁已经结婚了，马上连孩子都要有了……你不可避免地开始焦虑、不安，急着想要踏上未来的路，生怕晚了一步就会被社会淘汰，被落下。

然后呢？你总是想要迅速找到一条路，一条能通往你想要的未来的路。每天为了这个烦躁不已，但是有一天等你回过头来自己想想，你根本连自己真的想要什么都不知道。你之所以不知道你自己想要什么，是因为一直在赶路，不停地追赶着别人的脚步，脚步越来越快。等到有一天你发现自己生活在别人的人生里，你也早就忘记自己真的想要的是什么了。

你的未来，只有你自己才能明白。你的前方从来没有明确的方向，生活也不会一路是绿灯。你只能不停地向前，变得坚强，而后足以承担起生活赋予你美好的、不美好的一切。你只有不停地失败，然后某天你到了一个拐角，发现那里居然有着你想要看清的方向和未来。

该来的始终会来，千万别太着急。如果你失去了耐心，就会失去更多。

该走过的路总是要走过的。不要认为你走错了路，这条路上你看到的风景总是特属于你自己的，没有人能夺走它。

度过的日子，写过的文章，读过的书，看过的电影，认识的那些人，去过的那些不知道名字的地方，慢慢地，会变成你想要的未来。

千万别着急，你若愿意梦，总有人陪你去疯。

她知道你会说你觉得一无所有，但是那些真正宝贵的财富从来不是用眼睛就能看见的。还是静下来听听自己的内心吧，停下来看看陪伴在你左右的人吧！

是的，你、我、她都知道这个世界充满了不公平，充满了贫穷、现实、无助。但这个世界远不止这样，它要你看到光明、梦想、努力和希望。没有人能回到过去重新活着，但你我都可以从现在起，决定我们未来的模样。

就像慢吞吞的绿皮火车，也许它很慢，但总会到达你的那一站。

B

张嘉佳曾经写道：我从一些人的世界路过，一些人从我的世界路过。

其实我想说，路过你世界的何止一些人？你来大姨妈时，让你喝点热水的男朋友，大概是注定路过你的世界了。盼了很久，情人节终于来了，只拿个购物卡给你说谁买不都一样的男朋友，大概是注定路过你的世界了。你秒回他任何的电话和微信，半天都没有动静的男朋友，大概也是注定路过你的世界了。

种种的原因，最终让你们合不来。

可能有个问题，你没有想过。春天，在我们的心中总是草长莺飞的模样。我们忘记了，其实春天是极易感染传染病的季节。我们绝对不能，总是片面地把一件事物想得美好。所以，不是所有的爱情都必须长久。经历过爱情的人，早晚会在一个无比辽阔的世界里渐渐明白，该走的，始终会走，该留的，始终会留。

绝大部分的人，始终是在最无能为力的年纪，遇到最想照顾的人。然后因为物质，或是某些忧虑，就注定只是路过你的世界。

我喜欢张嘉佳《从你的全世界路过》这本书，但他并没有讲透书中所有人物的爱情，与挫败他们生命的困难。也许，当你遇到真爱时，因为他的无能为力，你以为自己可以全身而退，最终逃出的时候却染满一身爱的彩绘。这是你万万无法料及的事情。

你想要的他，也许并不是真正的救世主，但他至少给了你真正的爱情。而你呢，也不是泥娃娃，早晚会羡慕拥有独立经济能力的女生。

曾经在网上看过一个大跌眼镜的报道。一名大学的在校女生，总是非常羡慕隔壁宿舍的一个女生能把自己的生活过得很富裕。几经了解之后，才发现原来她兼职接客，生活才能随之富裕。然而可笑的是，这个只负责羡慕的女生，最终也出来跟她一样，成了有着一样经历的女生。

你也许受不了那些努力伴随的苦楚，所以不得不选择懒惰。虽然不接受物欲横流的你，已经比那些女生更优秀了，但最终，还是不得不败在资深的懒惰上。

你觉得，懒一天是一天。过去的很多天，也跟今天一样很懒。换句话说，你不努力，也一样过得起生活，还可以把生活过得非常轻松。

这里，有一个情节，说透了很多人的过去：夜晚跟朋友去跑步，运动场风高辽阔，不经意说起考研或职场工作的事情。A 说我现在完全没有考研的念头，最近也不学习。B 听了就问，看到别的同学在努力学习，你会不会想考研？这时候，也许很多人都会跟 A 一样，说出同样的心里话，不会呀，因为不努力真的好舒服呀！

如果对一个人或一件事努力了很久，但结果一定是徒劳的，不妨真的舒服一下。累了，终归要在路上停歇。不是你的，求也求不来，是你的，逃也逃不掉。

别拒绝善良

"别！那个面膜，我不借给你。"

"求你了，面膜借我敷吧！我明天要跟男朋友约会，网购来不及了。"

"你以前经常欺负我，你认为我会借给你吗？"

因为太善良了，所以她经常被别人欺负。后来她才明白，原来在她生气的时候，别人会尊敬她，会害怕她。

A

说一说，我比较深刻的一次爱情。

那时候我转学到比原来更差的初中读书，叫地质队中学。当时，因为我是转学的，掀起了很大的议论。一听到转校生，而且是男的，很多其他班的女生都会突然很感兴趣。在课余时间，会发现一些女生偷偷地在班级外面的走廊偷看我。甚至有些不认识的男生，也喜欢搭讪我。

在那里，我受到很大的尊重。那也是我非常快乐的一次学习生涯。

在第三次受到追求之后，我习惯性地拒绝了。才初三，我情窦还没开呢，不着急。

她姓陈。开始，我懒得理她。那时候没有微信，她天天在QQ上找我。我一天几条信息敷衍。

她天天等我放学，然后去操场看我打乒乓球、打篮球、打羽毛球。我的校园生活向来非常丰富，所以才有了大学天天跑步，天天做运动的生活。

因为很多女生经常看见我跟她在一起，某天，卓某某就跟几个要好的女生过去问她，将她拦在了楼梯口："周立超是你谁，你为什么天天跟他在一起。"

她居然说："我在追周立超呀，等他答复很久了。"

我从别人口中得知卓某某去拦截她的事情。当时听了，我非常震惊。不是因为谁拦谁了，而是因为陈某她居然亲口承认她正在追我。以前，追过我的女生，很多都不愿意在别人面前承认。可是，别人过去问她，她居然承认了。现在的女生，基本都不会承认追过男生，有时候还会反过来说那个男生的坏话。我因为被动的追求，衍生了很多不妥的言论。所以我经常都很看不起那些追求男生，又说那个男生坏话的女生。

她是第一个承认自己追过我的女生。结合她的外表，我开始认为她非常的善良，所以被她打动了，就接受了她。后来，我考上了很多人都渴望的重点高中。她反而因为经常思念我、陪伴我，而导致成绩下滑。我在操场观看，她连中考体育也不好意思跑，可能是担心她女汉子的一面被我看到吧。然后，因为成绩的原因，我们分开在两所不同的高中。

高中的时候，她变了。有一次，她的饭卡没磁性了。校方的制度规定，饭卡磁性没了可以免费替换。她到充值处替换，可充值处的阿姨次次推辞，说没有新卡了。有一次，她同学去买新的饭卡，而且买到了。她很高兴。她马上拿没磁性的卡过去替换。结果阿姨还是说没有新卡了。她终于发现，原来不拿三十块钱出来买一张新的，是拿不到新饭卡的。为此，我常常听见她在电话里面说那个阿姨的坏话。经过长达两个月的换卡失败，她终于拿出三十块钱到充值处买了一张饭卡。与此同时，她也找了几个要好的闺蜜，一起到充值处唾骂那个阿姨。

她跟我说了这个事情，我很生气。我喜欢的是她的善良。经过这个事情，她居然经常说人善被人欺。她特别喜欢，别人在她生气的时候尊敬她，害怕她。从那以后，她变化太大了。对她越好，她越不屑于我。

直到我变得很冷，很不想理她，她反过来却说我变成熟了。

突然想问，女生都喜欢很冷对自己不怎么理睬的男生吗？

对她非常失望的我，最终不得不考虑分手。可竟是她先提出分的手。

她朋友听说了我们的消息，居然也骂我渣男，说是我分的手。这真的太难理解了。与其痛苦，还不如早点了断，重获新生，享受岁月带来的静好，学习带来的欢乐，运动带来的舒服、自在。

这段恋情，令我印象非常深刻的一句是，善良，是没有错的。

B

不要拒绝善良。善良作为美好的气质，不会常常出现在人群中的任何一人身上。它会经过反复地挑选，然后降临在适合它的人身上。这种难得的气质，能让你的运气变得更好。与此同时，生活质量也会逐步提升。

经常抱怨的人，无法窥透生活的美好。稍微不如意，更会加剧邪恶之人身上某些极端的看法。懂得在书中取乐的人，才能时常抓取书中深藏的黄金屋；懂得在学习中取乐的人，才能时常挖掘知识作为财富的力量；懂得在运动中取乐的人，才能领悟生命在于运动的真正内涵。

反观那些拒绝善良的人，只是为了让自己过得更加舒服，为了得到朋友的尊敬，这何尝不是一种损失呢？如果你的品行太劣，会得到霸道总裁的赏识吗？或者，你认为霸道总裁会看上品质非常恶劣的你吗？如果你的品行太劣，你父母对你的成长会真正的满意吗？暂且不问你从事的工作和所在的环境，善良作为所有品行的基础，如果你连它也失去了，再努力的你，在别人眼中也可能只是一直在功利地索取。品行优秀的人，才能做到真正的殷勤付出。

当你的脚被你的高跟鞋磨出了泡，你却还舍不得丢掉，那说明你喜欢这双鞋！可是，突然的一天，这个泡让你日夜疼痛，你才发现之前的坚持，是多么的不值……因为，这双高跟鞋虽然漂亮，却从没心疼过你的脚。你又何必因此傻傻地期待着什么呢？

而最终的结果，一定是你在疼痛中的领悟：脚下的泡，其实是自己走的！并不能怪在这双你非常喜欢的高跟鞋身上。

这也换个角度阐述了这么一个道理：有时候，我们真的付出了全部，却没得到自己想要的。所以，越来越多的人认为，善良，是要对善良的人；付出，是要对值得的人！

每个人的心底都有一颗善良的种子，展现在脸上的每一次微笑，以及对生命的每一次感恩。不仅如此，它还可以驱赶寒冷，横扫阴霾。人生路上用一颗善良的心对待生命的际遇，生活就会处处明媚。

赠人玫瑰，手留余香。

每一份感动如花瓣，如绚丽生命的春夏秋冬，与人和善，于己宽容；每一份善良如雨露，浸润着生命的最美。岁月流逝，即使有一天容颜不再，生命也会因为善良而年轻美丽，永不凋零。

不过，尽量给自己定下一个限度，不要被他人利用自己的善良而伤害了自己。

你迁就，别人就越是得寸进尺；你退步，别人就越是赶尽杀绝；你原谅，别人就越是肆无忌惮；你心软，别人就越是贪得无厌。在被无数次的伤害之后，许多人走上了不愿意善良的道路。

尤其是现在的社会，早已出现诚信危机。一旦你的同情心泛滥，会有太多出乎意料的成本等着你来买单。可能你在路边施舍了一名乞丐，可回过头来乞丐已经到了手机店上手了一部苹果手机。假设你亲眼看见了这一幕，也许你会恨当初的自己，怎么就舍不得入手一部苹果。

社会里有太多的伪装。你不知道在你面前楚楚可怜的人，内心究竟是有多么的狡诈。有的人我们不敢信了，有的事我们不敢帮了；有的话我们不敢说了，有的情我们不敢动了。

不要随意利用他人的善良。被你伤害过的人，有些可能再也不愿意帮助别人。

"我的善良，你拿来利用，你于心何忍？"

一切过不去的心情，睡一觉就好。

所有放不下的感情，给自己开导。

你依靠的只有你自己！

第五章

人这一辈子，

最不该委屈自己

烦恼什么，
坚强是应该的

你还在为自己的理想难酬、恋人未满而忧愁吗？

你还在为前方看不见的尽头而烦恼吗？

人，远比自己想象的要坚强。特别是当你回头看看的时候，你会发现自己走了一段自己都没想到的路。是的，你已经走过来了。只是你的终点站，还在前方而已。

A

去年，我毕业的时候，我听到一个朋友考研成功的消息。她说，还是上海最好的大学呢！

我一直都知道，她跟别人都不太一样。我们毕业，她去考研。我们在外旅游，她在国外实习。还有许多诸如此类的大事小事，总之，她总是比我们更努力。

她考研复试的时候，一起参加的都是"985、211"高校的学生。她作为一名普通的面试者，真的是拼尽了所有的努力，成了那个大学的一员。

可是，我对她总是有些疑惑。因为她看上去始终是按部就班，好像没有太费力的样子。对的，这就是传说中的：你必须十分努力，才能看起来好不费力。她，也是我认识的人当中，十分优秀、十分刻苦的一名朋友。

既然，她已经做到在别人眼中毫不费力的模样，还印证了上述的那句名言。想必，她之前应该是十分努力，才能拥有今天的毫不费力。想到这里，我对她毫不费力的印象改变了。因为我曾经也听说过，她最艰苦的那段日子，强大到就算天塌下来，她也能把厚重的天扛起来。

那段时间，是她备考的时间，也是触目惊心的一段岁月。

那时，她每天不到六点起床；晚上十点之后才回到宿舍；为了保持她那之前瘦了二十多斤的身材不再反弹，她每天还要抽时间去健身房健身。

这种按部就班的生活，背后总是隐藏天大的秘密：

曾经，她一直失眠。

有时候啃不了书，就会独自出去走走。

甚至，每次用幻想将时间推到复试出成绩的那天，她几乎要焦虑到喝酒才能平静。

……

最终，她考上了。

故事的结尾，始终与故事的开端相近。而过程中的经历，需要的是越来越坚强的意志。为了考研，她真的做到了几点：

一、熬夜又失眠，却始终坚持早起。

二、疲惫又想休息，却始终坚持健身。

三、精神衰弱到想看心理医生，却始终坚持学习。

在我眼中，她正是那种，寡言却有一片心海的人。不伤人害己，于淡泊中，平和自在。这股静好的温泉，使她步入成熟。从初入校园的时候起，她认为大学必须要过得开心，又要过得很深刻，结果就是直到全部科目不挂科为止，直到全部素质拓展分修满为止，直到谈过不遗憾的恋爱为止，直到……

这些自动、自觉不断地朝她逼近过来的目标，逐渐让她成为被逼努力的人。有一句话，她经常深深地感慨，是她高中时候班主任说过的，也是她印象最深最深的："大学生活很美好。没有人管你，想干吗就干吗。"班主任口中的美好，渐渐成为她努力的源泉。可是，说的真的是真真切切的吗？

真没人管？不太信。体重上来了，你真不管？成绩单有污点了，你真不管？身体快生锈了，你真不管？素质拓展分没修满，你真不管？其实很多的人，都跟正在阅读这本书的你一样，遇到过这些情况：什么想干吗就干吗的大学生活，后来不得不成为逼你努力、逼你坚强的把戏。

可能，这也是你的幸运。

B

一身铜皮铁骨的锻造，哪能轻易到手？正所谓，不经一番彻骨寒，怎得梅花扑鼻香。相信你跟故事中的她，一定有着非常多的相似之处：曾经，一颗心要伤多少次，才会被迫选择放弃；一个人要傻等多少回，才知自己只是多余。如今冰封的心，曾经是最热烈的；如今无情的人，曾经是最深情的。

我们都曾拖着疲惫的身躯，然后不服输地朝这片大海说："再难，我也要挺下来！"可惜，你言行与举止的疲惫，却在不经意间出卖了你。

究竟是什么，让你认为再累，也是值得的。当你把稚嫩的双手，交叉地抚在胸口扪心自问的时候，也许你已经知道了答案。因为最懂你的，一定是你自己。因为能够第一个知道答案的，也是你自己：努力了那么久了，累了那么多次了，心里面的你，应该知道你变得更优秀了、更坚强了；是变得高了或是矮了，是白了或是黑了，是输了还是胜了。

然后，你在这番长途跋涉之后，累得满头大汗。原本满满正能量的身躯，此刻也已疲惫不堪。停在那里，周围的事物近乎天旋地转。仿佛，现在的你，已经看透了世界。随之拥有的，是经历过正确努力得来的世界观：只有通过努力，才能让自己变得更有价值。

站在时光的长河，你秉着这句真理不断地努力。终于，时间也变得一年比一年过得快。所幸，自身的努力，已隐隐约约形成了你如今按部就班的生活，规律、有弹性。

还有，我们不能忽略我考研成功的那个朋友的一个成就：

每年的考研大军都达到了人挤人的状况，可为什么她能将别人挤下去，进的还是上海那边最好的大学？

我很熟悉她。我想，我跟她，早已知道了答案。

她是一个说要减肥，就能瘦个二十多斤的人。

她是一个可以每天早上六点，在别人还在呼呼大睡时，就起床去晨跑的人。

她是一个说要早睡，就设一个闹钟，提醒自己去睡觉的人。

这些最难熬的时刻，她都能挺过来了。她还凭什么不会成功？

我们应该怎样度过最难熬的时候。或许，这个问题并不存在确切的答案。同时，未来总是向你不定期地投放各种炸弹，直到你的底线被彻底销毁了，你才明白，什么才是更艰难的。

十七岁的时候，高考失利，以为当时就是今生最艰难的时刻，后来证明并不是。

二十岁的时候，失恋，以为当时就是今生最艰难的时刻，后来证明并不是。

工作的时候，曾经犯过一个大错误觉得天要塌了，以为当时就是今生最艰难的时刻，后来证明并不是。

人生，并不存在你口中最艰难的时刻。

无论是读书，还是离开学校进入职场，都会遇到很多的比较难的时刻。甚至，我们会对此衍生深深的无力感，会使我们垂头丧气、无可奈何。而当我们回首过去，时光已在我们身上留下当时切切实实的感受与体会。

　　我们面对的困境里，有了不同的心态：

　　走过的爱情，因为你不一样的心态，所以有了不一样的面貌。

　　沿途的风景，因为你不一样的心态，所以有了不一样的感受。

　　哭的，给自己听。

　　笑的，给别人看。

　　人生如花，淡者香。多微笑，做一个开朗热忱的女人；多打扮，做一个美丽优雅的女人；多倾听，做一个温柔善意的女人；多看书，做一个淡定有内涵的女人；多思考，做一个聪慧冷静的女人。记住为自己而进步，而不是为了满足谁、讨好谁。

　　一个淡然的女子，低眉，浅笑，不拒绝温暖，不关注浮华。如此，人生已找到热情。那片曾经打压自己的灰霾，总在风雨之后被天边的一抹曙光驱散。不再晦暗的人生，哪还会有被击倒的可能？

　　愿你，阳光下的每一天，一天比一天坚强。

人这一辈子，
最不该委屈自己

一辈子，好短。该对自己好一点。

落雨的天，要给自己撑伞。

起风的夜，要给自己取暖。

你不爱自己，没人会更爱你。

心若有阳光，何处不灿烂。

有了自己的那束阳光才会更加的耀眼。

A

最近你受了多少委屈？

朋友有个闺蜜，和男友刚分手的时候，二十四小时手机不离

手，生怕错过了他每次的主动联系。

有时候，不停地翻他的动态，每看到一条心情沮丧的状态，她都会联想他是在为她而伤心。每天睡觉前，他都会回顾一遍他微信的每一次朋友圈。甚至在有的时候，可以翻他的几年前的动态。

当你在一段感情中，真的倾尽所有的付出，它会让我们失去理智，失去自我，以至被感情所牵制。

以前的她，特别爱美，碰到喜欢的东西，就开启买买买的模式。但自从和男朋友相处以后，总是把最好的留给他，总想着自己再忍一忍，下次一定对自己好点，但似乎有数不清的下一次……

以前她从不熬夜，为了适应他，可以陪他一起疯，一起玩游戏，虽然心里极其厌恶，想美美地睡一觉，但终究还是取悦他。

以前她脾气很大，不会为了任何人隐忍，但最后一次吵架闹分手，为了安抚他的情绪，她可以放低姿态，放下所有的尊严，只为留住他那颗飘忽不定的心。

所以，在爱情里，大家都一样的傻，总是固执地爱着一个不停消耗自己的人。

处在爱情盲区的那些人，大概都忘记了，一个真正爱你的人，他绝对不会让你受半点委屈。而你最难相信的，是处在爱情里的别人，她们的男朋友连看着她们的眼睛，时时刻刻都放着光芒。

也许，检验一场爱情真伪的最有效的方法，不是他可以陪你走多远，而是和他在一起的你，笑容有多少。

你是多么想成为他喜欢的女生，可是呢？你用尽了一切，还努力了那么久，却没有想过自己。受委屈了，他也视而不见。他对你那么不好，可是你依然坚持自己的付出。也许，你为的正是在某天的夜里，能被他抱在怀里，然后一起数着天上的星星。运气好的话，你们会抓住路过的流星，抓住那么一瞬间，贪婪地许下跟他的一生一世。

日本作家高木直子的某一本绘本里，有关于一个人做饭的段落。说的是她每次做的米饭，都会做好多，然后她就把它们分成一小份一小份的存放于冰箱里，需要的时候加热一下就可以了。

你看，你就应该这样。尽量要做到想尽一切的办法，把所有的事情都做得刚刚好。然而，那么想他的你，可能所做的一切，都是为了他。那你自己呢？你有没有想过你自己？

心情不好的时候，你应该去吃一下冰激凌，或者外国菜，再或者料理。

当只有你一个人在的时候，一个人去吃法餐。

一个人，霸占一整张桌子。

餐具和杯子都很明亮，桌布很白。

还遇到相熟的餐厅经理，开心地聊几句近况。

餐厅很安静，灯光昏昏的。

花两个半小时吃三道菜……

这样的时光，你是否为此感到很珍贵、很舒服？

别纠缠了。

不要把爱情放在你世界里的第一位。你最不该承受的，就是他给你的委屈。

人的一辈子真的很短，真该疼爱自己。

不要在意别人的想法，要去享受自己的美好时光。

人的一辈子真的很短，真该丰富自己。

自己身上的羽毛丰满，别人才会尊重你。

B

最委屈的时候，你一定要牢记：无论你多么爱他，哪怕爱到愿意豁出所有，你也要记住，女孩对喜欢的人更需要一份矜持……女生的矜持是上天赐予的财富。

宁愿变成在墙头迎风招摇的疼痛的红艳花朵，也不要变成墙根的一摊烂泥，死死黏在男人身上。狠钻牛角尖并伤己伤人的女孩从来都不被认为是可爱的。

该放手就放手，一个人哭过后的天空也是美丽的。

爱情有很多模样。不同的模样，适合不同类型的人。抱着对爱情不同憧憬的你，为了不辜负自己，尽量要将想象中的爱情，实现在现实生活里。

现实中永无止境的残酷，就是有缘让你们相爱了，无分让你们分离了。爱的时候，大家都是真心相爱的；不爱的时候，可能会背着你说你的坏话。如果可以，谁也不要去怨谁。洒脱分开，是对这段感情最好的告别方式。

"我该不该委屈自己？"可能你会这样问自己。当生活给你的答复，是必须依赖自己的时候，你可能才终于明白了：

原来，生病了是需要自己去买药的，而不是希望他在大风大雨的时候开着一辆车，载着你，从车门下来的时候，还用一把伞替你遮风挡雨。

原来，天冷了是需要自己主动加点衣服的，而不是希望他把药和水，送到你的嘴边，安抚你之余，还要照顾你的身体。然后，你又埋怨他给的只是热水，而非更好的疼爱。

原来，饿了是需要自己主动去找吃的东西的，而不是希望他在你任何想吃的时刻，总会毫不犹豫地带你去吃你想吃的，然后替你买单，还在服务员面前秀一秀恩爱。

有一则非常典型的故事，本人进行摘抄，忘了哪里出来的了：

一男人和女人准备结婚，男人有 15 万，女人有 10 万。

男人在婚前用 15 万付了首付，女的用 10 万装修房子并购买了家电。

婚后，男的每月工资 3000 元还贷，结余 1000 元。

女的每月工资 3000 元。

男女一起养家。

3 年以后，女的怀孕了。孩子出生后，男的升职了，工资7000 元。

这时孩子需要人照顾，请保姆每月要花费 2000 元。两人商量后决定女的辞职，专心照顾宝宝。

10 年以后，男的事业有成，意气风发。

女的每天围着小孩、老公、家庭转，黄脸婆一个。

这时，男的觉得老婆带不出去。外面的诱惑太大，男的终于有了小三。

老婆知道后，吵过、闹过，最后伤心了，准备离婚。

离婚后，孩子也判给了男方。

她的世界崩塌了！

凭什么，你付出了那么多，得到的却是别人的辜负？

就算当初的他非常非常爱你，也请你不要忽略一个重点：人，肯定是会变的！

所以，你必须要有自己的空间，或是属于自己的一片天地。

谁愿意天天面对一个不爱打扮、不求上进、懒散、死气沉沉、颓废的你？

你，好好想想吧！

努力，
是不值得炫耀的东西

打开朋友圈，有时候是这样的：

某师妹： 启动学霸模式，今天要在图书馆奋斗十二个小时。

某同事： 今天除了工作时间，还加班了三个小时。唔，非常心满意足。

努力，本来是一件非常好的事情，更应是年轻时必备的状态。可如今，却与功夫一样，渐渐有了表演的态势。

A

有个朋友，女的。虽然颜值一般，但是，一旦打开她微信的朋友圈，却总是满屏的正能量。国庆节七天的假期时，我跟女朋友自驾游，到广州白云区的白云山去玩。再一次打开朋友圈，看见她在深圳的一家星巴克里写编程方面的代码。

我留言：你真勤奋。七天的假，你也拿来努力。

她回复：我们不该在奋斗的年纪里，选择了安逸。

顿时，满满的正能量再次袭击而来。女朋友以前跟她同一层宿舍楼。听了我说的情况，女朋友很反对这样炫耀：在这个世界上，努力是最不值得炫耀的东西。

她曾经将自己真实的情况跟我女朋友说了出来：拍毕业照时，她说她大学四年都没有学到什么，能力也不够，所以只能依靠学历提升自己的竞争力。

我女朋友听了虽然很反对，可当时没有表现出来。

当时，我女朋友想说的是：拜托，你能不能别用考研的三年浪费你的生命。别人读了四年，就可以找到好工作了。你看看你，读了四年，居然跟白读一样。如果多给你三年读研的时间，你真的有把握可以把这三年，读得更好吗？所以，我还是建议你好好想想，你真的读了四年的大学？

结果可想而知，她不得不走上工作之路。因为当时的她，实在是考研无望。而这些假期里的加班、努力，全是在恶补之前的过错。

　　我从来不反对朋友努力。但如果努力对你来说，只是口号甚至只是你朋友圈的照片而已，那我真的希望你能够放弃这种炫耀般的努力。

　　发这种朋友圈，可能只是三种想法：

　　可能是想要个赞而已。

　　可能是想跟朋友分享某些东西。

　　可能是想诉说某些东西。

　　其实，最没有用的，就是你心血来潮时写在朋友圈里的一堆雄心壮志。如"白天不努力，睡前发毒誓"，跟炫富一样。越没有什么，却越想向别人证明自己什么。这种炫耀努力的人，结局往往与炫富的人的结局相近，成了别人眼中的二百五。

　　除了秀努力之外，有的人还喜欢秀因努力而花费的时间。说真的，时间并不能代表你有多努力。真正能看出努力程度的，是效率。

　　如果，越少的时间内，出色地完成了任务，那你在企业内的个人价值，就真的很高了。

　　不过，请你放心，很多人都炫耀过自己的努力。这像是每个人都必须经历的叛逆期。所以，这也是每个人努力的过程，从炫努力到真努力。

经常翻朋友圈的人，早晚会发现一条真理：女神的朋友圈，总是各种美食各种旅游。

可事实上，女神在学习与实习方面所花的时间，总是比娱乐的时间长。女神的高跟鞋，总是很高很漂亮；女神的美腿，总是又长又瘦又白。打扮和减肥的方方面面，足以说明，女神，真的很不好当。一件适合又漂亮的衣服，你以为不用花时间花心思的吗？说减肥就成功减肥，你以为不用花时间花努力的吗？

这也是，你跟女神的差距，依旧没有变过。

很可能，是因为她的努力，是常态，根本就用不着炫耀。

B

什么人，年轻时最爱炫耀？

他们多半苟且于某个不知名的小城镇，多半有一个稳定、轻松而收入微薄的工作，他们身上多半有一种和年轻不搭配的颓废气息。

他们很年轻，然而二十多岁却活得像个临退休的老干部，他们不到三十岁甚至就徜徉在退休后的生活图景了。

他们安于并享受现状，不仅享受，还四处炫耀自己的生活。

如果你像我一样告诉他们，自己经常加班到凌晨，周六周日也往往不得空闲，因为我想过得更好一些。他们就会集体向你投以同情和怜悯的眼神，然后拍拍你的肩膀说：

兄弟，外面不好混就回来吧！还是咱们这舒坦，根本不用加班，每天下班喝喝小酒，打打麻将，这日子多滋润啊！人啊，一定要学会享受生活。

他们种种的说法，大多是希望别人认同他们的生活，或认同他们努力得来的难得的炫耀机会。

但他们忽略了一个基本点：我，或者说我们，并不想变得悠闲！

或者说，我并不想一直处于"悠闲"的生活中。

有限的悠闲时光只是作为忙碌生活的一剂润滑剂，甜蜜、宝贵、难以忘怀而又短暂。是的，"短暂"，这是一个很重要的标识。

我总觉得，炫耀安逸的生活，对于年轻人而言，意味着一个巨大而舒适的泥潭：你久居其中，总有一天会发现自己深陷泥潭已经无法自拔，眼睁睁地看着慢慢发福的肚腩，满心惶恐，却早已丧失了奔跑的能力。

于是，只能泡在泥潭里，用一副闲淡的目光，对疾驰而过的脚步说一声：年轻人啊，你慢一点奔跑，等一等你的灵魂吧！

总之潦倒非常，却摆出一副活明白了的样子，有一句话非常适合形容：最怕你一生碌碌无为，却安慰自己平凡可贵。

我总觉得，你没有拼过，就没资格摆出一副平凡可贵的模样；你没真正富贵过，动辄视金钱如粪土是十分可笑的；你如果从没有认真读过书，却到处宣讲着读书无用，只能显得你像个傻子。

人生的一些状态，只有你经历过，得到过，感受过，才有资格选择说"不"、说"这不是我要的"。

一个无所事事的人，无论他如何生动地描绘炫耀他优渥的生活，我总是怀疑他的内心，我总能透过他的眼神看到他空虚和无聊的一面。

相信我：一直炫耀的人没有任何值得羡慕的地方。

闭上双眼，仔细感受一下身边的世界和步履匆匆的人们吧！

毫无疑问，我们正变得越来越忙碌。

年轻人应该远离那些终日无所事事的炫耀一族，他们只会用连自己都已经快无法忍受的无聊去麻痹你。你应该去结识那些比你更忙碌的人，因为真正忙起来的人，哪还有炫耀生活的心思。

但凡稍微观察一下，你就会发现许多令人捧腹的愚蠢行为。许多 Loser 的可鄙德行，都有一个巨大而明显的共同点：太闲！

为了打发自己空虚漫长的人生，往往斤斤计较于一些无意义的小事上，将暴躁当热闹，用负能量加速时光转瞬带来的遗憾感。

他们在微博上骂，在回帖上骂，在豆瓣、天涯上骂，在公众号和朋友圈里骂；他们扒这个扒那个，从海里到天上，所有人的背景都了如指掌……

挖开炫耀的本质：他们有热闹就凑。他们生活中最大的恐惧是"今天没局"，哪怕是中午对着手机看女主播吃饭，也能笑一个小时；他们在家里吵，街上闹，公司里玩离间，地铁上你不小心碰了他一下，他能骂你骂到终点站……随之而来的，是他炫耀自己：女主播对我好了一个小时，真漂亮。

如果说真正的自由源自我们对时间的态度。那么我得说，有相当一部分人甘心为奴。

这话听起来特像是苏联某个斯基说的，但实际上这的确是我这个"司机"的真实内心感受。

不得不说，许多人都搞错了我们和时间的关系，以为自己当下放肆地炫耀，可以在时间横亘的某一个阶段，华丽地改写那苍白的画纸。

而你呢？炫耀是否已经成为改写你生活的唯一的调料？

优秀是努力必备的气质，
但……

你以为，因为我穷、低微、不美、矮小，我就没有灵魂没有心吗？

你想错了！——我的灵魂跟你的一样，我的心也跟你的完全一样！如果上帝赐予我财富和美貌，我会使你难以离开我，就像现在我难以离开你。上帝没有这么做，而我们的灵魂是平等的，就仿佛我们两人穿过坟墓，站在上帝脚下，彼此平等！

A

这次要讲的，是一个很优秀的女人的努力。

大 X 重点大学毕业，居住在一线大城市，在国企上班。她不仅收入极其可观，还拥有自己的房子；家务全都不在话下，还烧得一手好菜；姿色虽然一般，但打扮打扮，绝对算得上美女。

可她一直单身。

要么嫌弃对方学历不好，要么嫌弃对方收入比她低。长得帅在她那个年纪不重要，重要的是身高。

后来，她跟一个互联网公司的总裁恋爱。总裁也一直太忙，忙得不怎么注重感情生活。由于满足不了她对爱情的需求，后来这段恋情就不了了之了。

早在之前，大 X 有着好几次相似的失恋经历。

优秀，的确难能可贵，但对于女生来说，优秀不是你单身的理由。

读到这里，可能你已经看出来了。大 X 这一生最擅长的事情，就是放弃。

世上的爱情，哪有完美的？

能被人仰望的爱情，始终是那一小部分的人。曾经亲手写过一段话：男朋友瘦，女朋友肥。男朋友高，女朋友矮。男朋友话少，女朋友啰唆。

从这个世上最常见的恋爱搭配来看，没有缺陷的爱情一定是很少的。

关于大 X，还有一件事情不得不说。有些朋友说，她是非常看不起人的。她的成绩好是好，但成绩比她差的，她经常不予理睬。她收入是丰厚了点，但收入比她低了点的，她都瞧不起对方。诸如此类的对别人很差的看法，全是因为对方在某一方面比不赢自己。

想解释她身上所有的痛，只有一条至理名言：如果你女朋友很看不起你，早晚都会分手。这简单粗暴的糙理，只需对调一下男女身份，也能清晰解读。

从这世界常见的搭配来看，不仅仅她的爱情存在缺陷，她的本身估计早已缺陷。

我们每个人都十分善于粉饰自己的生活。可自认为过于优秀的人，却常拿起刷子、排笔、开刀、刮板，来粉饰自己的身体，然后还给自身贴上许多自认为的标签。好不容易，以为自己过上亲手粉饰出来的生活了，可终究落得孤独一场。

B

谈起优秀，它应该是一种气质，而不是拿自身的优秀当成炫耀的资本。或者说，优秀应该是你击败资深懒惰的资本。医学界普遍认为懒惰是一种负面情绪，它会使人意志消沉，对生活厌倦，对工作消极，使人丧失进取之心，丧失成长机会。

在心理学上，优秀却是一种积极的情绪。它能使人对未来产生美好的憧憬，或者让你每天的生活，感到愉快、轻松。既然，懒惰与优秀是相对存在的一种情绪，想必"优秀的人不怎么懒惰"的说法一定是客观存在的。他们拥有许多良好的生活、学习、工作习惯，从此，优越感仿佛成了披在他身上的一件薄薄的纱。

跟大 X 不怎么熟的同事和普通朋友，对她几乎全是一种尤其罕见的顶礼膜拜。怎么说呢？大家都知道她学历高，出身好。不仅如此，她工作还做得很好，打扮还非常超前。说实在的，有些朋友真的很想成为她那样的女生，可却只能是望而却步。

"看见她就觉得很舒服"，这几乎是整个楼层里同事对她的一致评价。不管是由内而外，还是由外而内，她的优秀竟能常常让别人欣赏。突然，我想到一个与大 X 完全不同的情况：如果你看见一名美女不仅懒懒地在岗位上玩手机，有空还将工作搁置吃点零食，此时此刻你还认为她的美丽会让你看得舒服吗？

首先，不是漂亮就可以常常受到欢迎。这也要看看这个人的内在，和她对生命的态度。越是积极努力的人，越能让人很想跟他做朋友。如果将"懒惰"与"优秀"分别写在白纸上，让你在两者之间圈出你喜欢的词汇，很自然你选择的结果必定是优秀。这也是人们很正常的倾向筛选。

而通过所有的努力，你终于有了成就，并得到了自信。这种无形存在的气质，自是类似于地心引力一般的存在。不过，被优秀占据精神的人，也会有着大 X 会有的烦恼：她被自身的优秀膨胀了虚荣的心，动辄就是看不起谁，或是谁配不上自己。

与此同时，她的亲身经历也正好说明，优秀是属于一种积极的情绪。就算是在艰难的单身期间，大 X 仍然可以完成自己岗位的晋升，收入的增长。虽然，故事里的大 X 因优秀而有着许多不好的遭遇，但优秀对自身起的作用的确是有些作用的。自信强了，敢于追求自己想要的，曾经得不到的，如今已能轻而易举得到。

如果你没有把优秀当成是一种气质存在。优秀只会在你的日后，成为你心中的一道暗伤：

当你与生活格格不入，又无法找人诉说的时候。

当你即使和很多人在一起，看着别人欢笑，但是自己并不开心的时候。

当你跟好朋友见面，朋友却只顾着另外的朋友的时候。

也罢。每个人的心中，至少都有一道暗伤。这个伤口从不轻易对人显露，而自己也不敢轻易碰触。总希望掩藏在最深的角落，让岁月的青苔覆盖，不见阳光，不经风露。以为这样，有一天伤口会随着时光淡去。

虽然时光能将一切看淡，但残留的阴影多少会在某个时刻爆发。打个比喻吧，可能你才能彻底领悟：一个钉子，钉在了墙上，就算你把钉子从墙上拔下来，这面白墙也始终存在被钉子钉出来的痕迹。

把优秀当成是自身散发出来的一种气质。习惯将优秀的自己，呈现给重要的人看，更能彰显优秀的价值。

价值这个东西，难以言喻：凡是大企业、著名企业，薪资水平都是很客观的。在试用期，你能在自己的工作岗位证明自己，企业就会用高一点的薪水让你转正。譬如说，一般的工作岗位，转正以后顶多也就加五百。但优秀员工，还可以另外多加两三百。虽然额外的部分仅仅只是一点点，但这两三百体现的其实是你的价值。

把行动当作语言说明：你是我们这里有价值的优秀员工。

想想，其他同等岗位的职员，转正也只加五百，你却加了七八百。这不正是你优秀的证据吗？给你高了别人两三百的薪资，不仅能让你意识到自己比别人优秀不了多少，还能扼杀你因优秀而带来的自负。同时，也是对你的一种肯定。

努力了那么久，被肯定了，是好事。

艰辛了那么久，有回报，是好事。

但如果将自己很辉煌的工作经历拿到朋友或领导的面前炫耀，这就是坏事。这里，我不得不向你提问：你那么努力，难道是为了炫耀？我想，这不是很多人努力的初衷。你一旦走歪了，想歪了，再经过时光漫长的洗礼，也许你日后的努力，也只是为了给别人看见。

这种永远活在别人眼中的生活，难道你不觉得累吗？

把自己的想法改一改，最好诗意一点。你的优秀，除了是为了击败自身资深的懒惰，还要为了能在某天的某夜，捧一束素洁的月光，沏一杯幽幽的淡茶，把流浪的心情放逐天涯，与友人畅饮几杯。

与朋友或是知己分享自己的成就，分享自己的优秀，如此，甚好。

许多东西，
我们不能辜负

　　青春是一本比较仓促的书。在你翻阅的空隙间，它正一秒一秒地过去。

　　然后，在作为樱桃的你成熟了之后，爱情会成为你一生的命题。可是，工作呢，你也不能落下。

　　期间，流水为高山应和，白雪为阳春美丽。

　　所以，在不同时候，你不能辜负的东西很关键。

A

　　最近，一个朋友突然给我打电话，说她早上起得很早，为了去见她刚认识的一个男生。她见不见这个男生，其实都和我没关系。可电话却打过来了，而且刚认识就这么紧张了，所以我认为这人应该挺重要的吧！

　　一早起来悉心打扮了半天，最后卡在了口红颜色的选择上，所以向我求助。电话里面，感觉她已经快急哭了，吓得我赶紧打开微信。看了看，对她说：第二张吧，这个颜色特别适合你，而且，我们比较成熟的男生，非常喜欢这种不太张扬的颜色。另外，这个颜色也不会显得你太过精心打扮。

　　然后她听了我的建议，就出门了。

　　下午的时候，我还没问，就看到她在微信发来的哭红了眼的表情了。

　　说实话，我们男生对口红的颜色近乎色盲。这个颜色和那个颜色，要怎样区分开来，对我们男生来说很有难度。当时的我之所以帮她，很纯粹就是看她快迟到了，然后瞎蒙了一个。

　　既然是瞎蒙的，结局可想而知。况且，比起"口红的颜色"，我认为"按时到达"才是当时最重要的。

　　虽然，她即将发生的爱情，好像已经被一个颜色辜负了。但相对于选择，我认为当时的我如果没及时挑出一个颜色，估计她被他辜负的速度会更快。

　　不难看出，我们总是会关注两种选择的细微异同，却偏偏没考虑到迟疑不决的后果。

　　例如，花整整一个月的时间，在两份工作之间纠结，几乎要错过给公司答复的最后期限。又例如，看了很多房子，却迟迟不能决定，导致错过了最佳时机。

很多时候，我们的问题在于"不想放弃"又想"获得"，才会陷入内心混乱的挣扎。比如，不愿放弃安逸的生活，却想追求事业的高速发展；不愿放弃暂时的高薪，却想进行一次大的转行；不愿放弃一个不合适的对象，却想今后能够幸福……

我们在看重自己的时候，又看轻了即将被自己辜负的某样东西的价值。而时间，则能让我们看清曾经亲手辜负的"价值"。

如果在岁月的长河回首，你会发现，你过去所作出的很多的重要决定，在决定的时候，连自己也没能意识到那个决定的价值。而且，在做出决定的时候，你如常生活，天气也没有任何特别之处……譬如，你认识你另一半的那天，你决定考研还是工作的那天，你选择某份工作的那天……

相反，我们当时认为的一些重要的决定，现在看来，倒未必对自己产生了什么大的影响。

所以，人生是不能回头看的。因为所有的重要时刻，都是事后才能知道。在做出选择的时候，你甚至都不知道这个选择到底有多重要，更别说你后来所错过的东西所对你造成的影响了。

B

爱情，它固然美好，我们对爱的需求也是天经地义般不可或缺的。但不论现在的你是不是拥有爱情，它真的不是你人生的全部，且不可只为了这一件事而活。

毕竟除了爱情，我们还有很多事要做，而过度放大对爱的渴望则是一种受难。

爱情，是人一生的主题。

可是我希望，这不是你人生的常态。因为，还有一样东西，是在你应该奋斗的时候不能被辜负的。

你的工作怎么样了？

现在的职业是你喜欢的吗？

你仅仅是为了糊口才选择这份工作，还是对它充满了热爱，想在工作岗位上有所收获？

人生的喜乐绝不仅仅来自于爱情，每一点工作上的进步和突破，其实都能滋养你的生活。

在爱情还没来临的时候，多浇灌事业，会让你变得更勤奋积极，工作上的提升会让你更有机会跟优秀的人并肩，开拓你的人生和视野。

困在舒适区，能看见的未来是狭窄的，而你也只能在那个狭窄的未来里去寻找伴侣。

你以为现在不专注事业，是为了腾出更多时间找到另一半，但其实这不但无益于你的个人提升，同时也把遇到爱情的概率降至有限的范围之内。

不知不觉中，你已应验了"破窗效应"。

你可能没听说过"破窗效应"，但是你一定有过这样的经历：如果去朋友家做客，发现他家东西到处乱扔，杂物乱堆，那么极有可能你也加入了制造混乱的行列。把脱下的外衣和手包随处一放，吃完的食品包装袋也不收捡。但如果朋友家窗明几净，一尘不染，你更有可能选择把衣物整齐地挂在衣帽架上，吐下的瓜果壳规规矩矩丢进垃圾桶。

脏乱差的房间就是那扇破损的窗，因为已经产生这样的漏洞却无人修补，只会招来更严重的损坏和漫不经心。

除了爱情，你的事业也是一扇窗。如果有一天，它破掉甚至完全无法使用都不会让你在意，那么，这种破坏也会扩散到生活的其他方面。

无心无力应付爱情、社交乃至个人生活，而别人对待你的态度也会像去一个脏乱差的家里做客，肆无忌惮地随意处置。

还找什么爱情呢？连自己的工作都破罐子破摔的人，谁会指望你能承担起恋爱的责任？

反之，走顺了工作的路也能顺道收获爱情。我身边有很多这样的例子，单身的时候专心经营好自己的事业，从名不见经传的小公司跳槽到知名企业。接触的工作伙伴也同样优秀，不知不觉间产生了情愫，两个人在工作上相互扶持，也一起建立了美满、幸福的家庭。

收获爱情不是他努力工作的目标，但却成了努力附赠的礼物。

有时候你求而不得的东西，不过是因为你不懂得水到渠成。

除了工作，你的个人生活是怎样的呢？

是不是白天上班感觉身体被掏空，晚上只会瘫软在沙发上。你一心觉得都是单身惹的祸，否则你现在应该靠在恋人的肩头啊！

其实你向懒惰屈服的时候，还有很多同样单身的人在跟你做不一样的事。

有人选择健身锻炼身体，有人选择读书提升眼界，有人在积极地拓展社交圈子。每一种改变都会把你从孤单、寂寞里拯救出来，唯独坐以待毙不能。

而爱情的发生，或许就是你不经意的一个微笑打动了对方。但你天天赖在家里，空气是不会回应你的，韩剧里的欧巴是不会爱上你的。

你总说要找到合适的、跟你生活步调一致的人。很不幸，如果你是个困在舒适圈里不作为的人，那么跟你匹配的那个人或许也是如此。

你正在苦苦思索你的男（女）朋友是不是堵在二环路上的时候，其实他跟你一样在五环的房间里找不到答案。

把爱情当作眼下的唯一目标，或许只能两手空空。毕竟爱情不是超市，只要去了就能买到东西。

爱情是际遇，只有继续赶路才有机会。就算有一天，很不幸，我们没遇到那个人，至少你手里攥着工作、朋友、家人、个人生活给你带来的安全感。不怕爱的时候被人辜负，最怕单身的时光里你先辜负了自己。

努力，找不到方向。

学习，找不到方法。

工作，找不到门路。

......

其实，你的努力，应该讲究一点。

第六章

你的努力不应该是将就，

该是讲究

别执迷，
轻松一点就好

你喜欢他，是因为他非常优秀？

抱歉，请原谅我对此不理解。如果你这样想，别人会认为你这是在高攀他。有没有听过一句话：爱一个人，并非他的优秀，而是因为你搭得上他的优秀。

A

大学毕业出来租房子的时候，有一次在楼梯间遇到一对正在吵架的情侣。他们，是我第一次亲眼见到的同居男女。记得包租婆戏称过，他是老公，她是老婆。后来的某天，我下楼梯的时候又遇到了她，不过跟之前的不一样，没有他。她瘦得不成样子了！

不知道为什么，她见着我好像有一种亲切感。可能是见过面的缘故，又住在同一栋楼。

"你为什么这么瘦了？之前不是挺胖的吗？"我很大胆地搭讪她。

等我们成为普通朋友之后，我才明白她的难处。原来曾经有段时间，他男朋友要她减肥，她一直不肯，说减肥的日子太难熬了。在我眼里，同居男女后来是会结婚的。可是，今天认识的她，却跟他分手了。原因是他爱上了别人，尽管今天的她已经瘦下来了，可似乎对他们的感情没有丝毫的用处。

记得在楼梯口遇到他们吵架的时候，走过路过听见的内容好像真的是他要她减肥。

最诡异的一次，是我拿外卖回来的时候，路过她租下的房子时，好像听见断断续续的哭泣声。在随后的日子里，她依然住在原来的租房里，依然在减肥。走过路过，依然能够听见断断续续的哭泣声。

女生的心灵，真的太脆弱。

不得不感慨爱情的无常，聚散之间，从来就没有规矩可循。往往是想留的留不住，想走的走不了。你曾经为一个人爱得死去活来，可是那个人未必就是陪你走到最后的人。

再好的东西也有失去的一天；再深的记忆也都会有淡忘的一天；再爱的人可能也会有远走的一天；再美的梦，也会有苏醒的一天。

在这个世界，爱情最多是生活的调味剂，绝非生命里的唯一。如果你为爱而活，说不定你的生命会为爱而卑微到尘埃里去，到头来开不出鲜花。

所以，在有的时候，我们要学会放弃。假如是一段没有意义、没有营养的恋情，放弃了则会更加轻松。不爱的时候，心情和头脑也就真的慢慢平静、清明起来。没有多余的猜忌，没有受伤的敏捷，没有变态的恼怒，没有期望的焦虑，没有失望的伤心。最主要的是，也没有了那些傻得不着边际的幻想。

好女孩，会将所经历的一切想得非常美好。温柔的她，会冷静对待所有他给的残酷。

不管是同性关系还是异性关系，都希望可以和好如初。余生这么漫长，爱情绝非是你唯一且必须要非常投入的事情。别再执迷了，请对自己好点。在卑微的生活里，请你活得像自己，且要忠于自己。

不知道你有没有想过，坚持做自己，似乎成了一件越来越难的事情。然而，可悲的是，随大流、人云亦云，似乎成了生存必备的一项技能。

热闹的都市，连我们说的话，都应该是别人最爱听的。你明明长得很肥，可当别人评价你的时候，你又必须要听到你是又瘦又好看的；你的成绩很差，可当父母在讨论你成绩的时候，你又必须要听到你的成绩是不错的。什么坚持做自己，如今可能连我们听见的自己，都已经不是自己了。

活着，还是轻松点的好。

B

记得有篇毒鸡汤说过：女人，别活得跟支烟似的，让人无聊时点起你，抽完了又弹飞你。

这篇毒鸡汤，我印象很深。把女人跟男人用的香烟打比喻，真是太恰当了。但因为对女生缺乏必要的尊重，所以我称它为毒鸡汤。回归正题，你的前半生或者不属于自己，那就尽量把后半辈子还给自己。所以，不要太执迷于其他的人或事了。

活着，从形式上分为两种。一种是活给别人看，一种是活给自己看。

记得一名失恋过度的朋友，曾经放过一句豪言，这便是活给别人看最好的例证："我一定要嫁一个百万富翁，找一个比他更帅、更爱我的人，让他为自己的决定后悔。"

这种死要面子活受罪，是执迷不悟的最高境界。与别人比房子、票子，总感觉自己不如别人，车子不如别人好，妻子不如别人靓，儿子的成绩不如别人好……总之，人比人，气死人。

而尺有所短，寸有所长最好的例证，就是在别人数钞票的时候，我们却悠闲安逸地赏月。这种把执迷带来的苦恼丢给别人，还自己一个最清明的度假心境，好还是不好，你认为呢？

执迷不悟，实际上就是糟蹋自己。这些年，减肥早已成为长盛不衰的一种"时尚"。什么肥胖的要减肥，然后连身材苗条的也要减肥。这种被称之为控制体重的手段，在很多的城市里受到了严重的追捧。

男男女女，老老少少，为了得到别人对自己身材的肯定，而一窝蜂地减肥。随之而来的，是减肥药、减肥茶、节食、因减肥而分手的吵闹，等等。

不是说减肥就不好，而是我们不应该执迷于别人对自己的评价，哪怕只是只言片语的赞美，或是讽刺。既然减肥是自己对美的初衷，想必减下来是你必须经过的阶段。但如果只是因为别人的闲言闲语而去减肥，那你真的得静下心来好好想想了：你，是不是活给自己看？是享受自己对别人的执迷，还是惶恐地担忧别人有可能会否定自己？

答案是显而易见的。

生命是自己的，灵魂是自己的，人生也是自己的。既然都是自己的，你的生活甚至是爱情，为什么要执迷于别人对自己的看法？

我们不需要虚伪，就没有必要披上虚假的外衣。我们无须背着沉重的包袱，然后洒脱地踏上了自己的人生之路。一个骄傲的借口，一个幸福的理由，全是只有自己才能赋予的东西。凭什么唱出你心灵中最真诚心声的不是你，而是别人？

认清执迷的利害，还一个自由的人生给自己。

你，可以的。

你的努力不应该是将就，该是讲究

《何以笙箫默》里，一句简单的"不愿将就"，还原了爱情原本的样子。

爱就是爱，不爱，便无法迎合。

无奈，现实中存在那种没有男朋友就没有安全感的女生。一旦分手了，她很快又跟别人在一起了。

对她们来说，没有男朋友，是非常伤心的。

很抱歉，我常常把这类型的女生归类为随便型。

A

这次的故事叙述得有点不留情面，如果你拥有的是一颗玻璃心，我劝你还是直接跳到另一个章节不用读了。

有一类型的女生，特别爱撒娇、卖萌。在男生比较多的时候，她说话会突然很温柔。今天的主人公，是我初中同年级不同班的、不怎么熟悉的同学，她叫晓音。

晓音矮矮的，黑黑的。第一次认识她的时候，我知道她有一个很好的姐妹，叫小艾。她俩要好的程度，几乎连男朋友都可以互相分享。不断地跟帅哥谈恋爱，更是她俩的作风。

后来因为恋爱经验非常丰富，晓音每一次的爱情，总是能够轰轰烈烈。

在外面一起喝糖水时，晓音总会把碗中的好吃的，第一时间放进男友的碗里。

在外面一起运动时，晓音总会在男友上场之前，整理好他的衣服然后来个深深的吻。

在外面一起逛街时，别的女生不小心盯男友久了，晓音总会在男友旁说那女的坏话。

需要注意的是，这些所有的招数，她对每一任的男友都用过。换句话说，同一招，每一任男友都有中招的情况。她真的是太会谈恋爱了。

我看不起她。

虽然我跟她不是很熟，但某次深入之后，我发现她真的把爱情看得很重。每一任男友，她都会尽力讨好，能不分手就不分手。不过后来我的这个看法，被别人对她的负面评价彻底打破了。听说，她每时每刻都有男朋友。之前跟某某分手了，不出两个星期她又跟别人在一起了。

才读初中，早恋就不必说了。全年级总共才六个班，跟她谈过恋爱的每个班至少都有一个了。最多的班，也有三个之多。她太差了，差得差点就能用滥交来形容。这类型的，来学校哪里是读书的，更像是来学校找男友的。

不是我说她坏话。她年纪轻轻的，前任居然就那么多了。难免会被其他的同学当成热点，然后到处传播。

有一次放学，我在班里值日很晚才回家，路过女生厕所门口的时候，我亲眼看到小艾跟晓音在女厕里讨论着什么，神情相当严肃。

小艾很认真地告诉晓音："你接受他吧。我希望你有人照顾，有人疼爱。"

晓音样子挺笨拙的，好像有点害怕小艾："不知道。"

"反正你跟三班的都已经分手了。如果你现在没人照顾，没人疼爱，我真的会很担心你。"

虽然只听到这些，但她们那次的对话给我印象却出奇地深。

许多人对她俩普遍存在不好的看法，不管是认不认识她们的人，其实都有点看法。

为什么这里要提到一个不准确的故事呢？因为我希望你们不要把那么神圣的爱情，拿出来将就。一没有男朋友，就很不安；有男朋友了，才安心了，才可以放心地去寻觅一生的白马王子。

如果你过度将就，落得的恐怕是谣言四起的下场。我知道，是他们不懂你。我也知道，今天叙述的故事只是别人传出来的说法。但有一点非常值得肯定，你一旦滥交，男友还数不胜数的话，麻烦就会自己找上门来。

我们应该期待，真正喜欢的人，会突然闯进你的生活。什么希望你有人疼爱，不应该出现在你学习自立自强的初中生涯里。什么反正你们都分手了，不应该如此将就的只要是个男的，就可以跟你谈恋爱。

自知遇不到合适的人，你还是选择将就？

嘴上常说想找个男朋友，奢望什么事都可以有人替你分担。可你也不应该把爱情将就成滥交的地步吧？爱情，始终是神圣不可侵犯的。

在急需努力的社会里，谁也不愿将就着。

B

当你的白马王子，没有骑着白马平静到来，反而身披金甲，踏着五彩祥云，突然闯进你的生活，你可能突然措手不及，突然没了自我，魂不守舍。

经过漫长的日夜更替，你的脑子里始终全是他……

爱情，就是这样的奇妙。将就，必定降低爱情与生活的质量。

真正的爱情，你根本难以控制。缘分来了，谁也挡不住。或者说，一切都是那么的机缘巧合，一切又都是那么的不可思议，一切又都是上天注定。

情深缘浅，这或许就是那十之八九中的爱情。

爱情的最初都是那么的甜蜜。两个人互生好感，在彼此眼里无比的优秀。但这样的感情又维持不长久，只好顺其自然。很多时候的分开，并不是一朝一暮，而是在长期接触过程中，两人觉得彼此缺乏信赖感，逐渐觉得难以继续了，于是无奈分手。

其实，你应该早已明白。爱一个人，不会随外界环境的变化而变化。这样的爱情发自内心，不掺杂任何物质的附加值。但，也有那么一些人，为了金钱而爱。应该说不是爱吧，只是一种交易关系，或者说利益关系。

如果还没确定好一段感情，是该继续还是放弃，就不要轻易地下结论。

因为爱情不是儿戏，也不仅仅是你个人的内心戏。

他呢？你想过没有。如果玩，恐怕被玩的不是别人，而是你自己。每个人都输不起，你还有多少青春可以浪费？你还有多少情感值得挥霍？

拿出去容易，收回来谈何容易。

理想中的恋爱模式，应该是男女双方都彼此吸引，彼此有好感，彼此欢喜。见到对方应该是高兴的，两个人在一起应该是快乐的，而不是痛苦的。爱情，千万不能将就。在谈恋爱的时候，两个人都要问问自己的心，这个人究竟是不是你心里喜欢的人，这个人究竟值不值得你托付终身？不要被一时之情迷，而乱了方寸。

我们在岁月的长河频频回首，终于发现，我们都曾在恋恋不舍自己曾经经历过的情感。甚至还以为，从此，我们就能守着那些时光。我们更加希望，两个人的永远，永远也不会有三心二意的存在。

虽然我们躲不过流年所带来的岁月的变革。

　　但痴情与长情，确实残存于人世。

　　当你们爱着彼此愿意为彼此牺牲奉献的时候，是真的。

　　当你愿意为对方放弃一切，也是真的。

　　当你愿意陪着对方一起成长，还是真的。

　　你，来自偶然，不应该询问，你的情该归向何处。

　　因为，爱情已像你口中的香烟，它悄悄地被你眼中的他所点燃。

　　烟尘滚滚，红尘喧嚣。有人曾计算出，两个人遇到且相爱的概率是 0.0049%。概率这么小，我们更应该创造机会，多认识些人，积极寻找。如果说，找是没有用的，爱情该来总会来。我想问，那么多通过相亲找到真爱的，这情况怎么解释？如果他们不去相亲，天天打交道的就是公司里的同事、学校里的同学、熟悉的人，估计很少能擦出爱情的火花。那他们遇到爱情的时间，不知道会晚多少。

　　当你问既不能将就，又该情归何处的时候，那么，请在必然中抽出偶然的寻找。

　　不将就却如此讲究的爱情，正是你寻寻觅觅的、一直以来的、最好的答复。

谁都有脾气，
但要学会收敛

谁都有脾气，但要学会收敛。

人生，过的是心情；生活，活的是心态。

如果顺其自然，还哪来的烦恼。

累了就睡觉、开心就微笑的现实安稳，让我们可以掌控快乐与烦恼的比重。

所以，脾气怎么样，完全是自己放调料。

A

一个学习平面设计的实习生，因为非常喜欢一个明星，以为来到这个明星所在的公司工作，就可以认识自己的偶像。可结果干了不到三天，她就被开除了。

这个故事很有意思。

她按惯例，将某明星打算放在微博上面的图片，进行美工修饰。技巧还是挺符合现代女生的审美型的：皮肤要白白的，鼻子要更高更高的。接下来的，是轮廓、肌肉、线条等修饰。

可事情，终于发生了。

这名实习生，被老板骂了。她后来居然愤怒地教老板做人，还埋怨老板说话太直了。因为老板明明可以说，你哪里哪里做得很棒，只需要修改一点点就完美了。

老板也怒了，给出的结果是当场开除。

所以，她走人了。

故事讲完了，来分析下。

上司说话直，主要是为了工作效率。假设，老板先夸你长得多漂亮，瘦得多好看，然后才来评价你刚完成的工作。这岂不是在浪费时间吗？如果重点需要修改的部分，没有得到重点批评，事后可能你只是进行轻度修改。因为你在语气里听不出老板想要进行强烈修改的意愿。

在职场上，大家在一起是为了创造价值。没必要渴望老板又要发薪水给你，又要好好招待你。你男友对你不好，你可以进行索取。但你千万不能要求老板必须要对你好，你才继续做下去。

其次，不要渴望公司给你温暖，因为你的工资，正是你劳动价值的体现。

所以，被骂的时候，你必须要收起你的玻璃心。

不要过度在意情绪，而该想想对方指出了你什么问题。有问题，赶紧去提高就好了。

另外，职场不是学校。学校给你提供学习的平台，是因为收了你父母给的学费。企业既然给了你薪水，想必这正是你劳动价值的一种体现。真的，没什么领导是有义务指导你工作应该怎么做，但领导如果对你亲自规划了培养计划，想必这是间接提拔你的一种体现。

很多时候，你的脾气，都源于把自己想得太重要。当你认为他会送你名牌饰品的时候，结果收到的只是他的微信红包；当你月经不调很不舒服的时候，结果他递给你的只是一杯热水……

得不到满足的你，终于控制不住自己的脾气了。

什么是脾气？有的人认为，这纯粹就是性格上的问题。有的人天生性格就好，所以脾气就好；有的人天生的性格就不好，所以脾气就不好。

脾气虽然能够折射和反映一个人的性格，但不能决定一个人的性格，更不等于一个人的性格。

所以，无论一个人年龄大小，地位高低，资历长短，都有这样或那样的脾气。人有脾气才是正常的，没有脾气才是不正常的。没有脾气的人，也是不存在的。

因此，脾气只有大与小之分，好与坏之分，温柔与暴躁之分，正确与错误之分。

谁都有脾气，但要学会收敛。在沉默中观察，在冷静中思考，别让冲动的魔鬼，酿成无可挽回的错。

不要过分在意别人在背后怎么看你、怎么说你，因为这些言语改变不了事实，但却可能搅乱你的内心。心如果乱了，一切就都乱了。

人贵在大气，要学会对自己说：如果这样说能让你们满足，我愿意接受。并请相信，真正懂你的人，绝不会因为那些有的没的而否定你。

温和对人对事，不随意发脾气。谁都不欠你的，这个世界没有"应该"二字。

保持头脑清醒，明白自己的渺小，切忌自我陶醉。

B

遭受不平时，冷静处事，收敛好自己的脾气，在忍耐中坚持。

谁都有底线，但要懂得把握：大事重原则，小事有分寸。凡事不讲情面，难得别人支持，过分虚伪，也会让人避而远之。

人生的弓，拉得太满人会疲惫，拉得不满会掉队。

因此，张弛有度是我们的最佳榜样。

松弛之后，弱者喜欢用苦劳说话，强者只会用业绩说话。仔细想来，选择用脾气说话的你，估计是以弱者的身份，佯装强者说话的语气，才有脾气不好的一刻。

收敛自己，需要以旁观者的身份看待问题。这种看待人生的平静心态，反而给了你更多从容的态度。

态度从容的人，纵是经历沧海桑田，也能安然无恙。锋芒毕露的人，遭遇一点风声，也会百孔千疮。命运始终是公平、严苛的。它给了每个人同等的安排，而选择如何经营自己的生活，酿造自己的心性，则在于个人。

生活，对收敛的自己而言，不需要避开喧嚣，已能在心中修篱种菊。尽管如流琐事，每一天都涛声依旧，可他们依然寂静安然地端坐磐石上，在纷呈世相中不会迷失于荒径。

然而，每个人都会犯下这样一个错误，这也是我们不愿意承认的：把最好的一面，留给了陌生人，而最差的脾气和态度，却留给了自己人。

如果你跟男友争吵，还气急败坏地很想对他进行语言攻击，然后在一堆省略号之后，他愣住了。不过他没有还嘴，只是一言不发转身就收拾衣物。是的，转身收拾衣物，其实就是离开！

所以，你可能会因一时的脾气，而让他离你远去。

"有些话是不能说出口的，你知道吗？"

幸好，在你犯下罪行的时候，上帝还给予你补救的机会。只要还能有时间道歉，挽回一次两次，应该不是问题。

可余生，哪来的那么多事是真的来得及的？

你说过那些最狠的话……

你伤过的那个最爱的人……

还有，你给他脾气最差最暴躁的表情……

这些，无不是你没有及时收敛自己，而犯下的滔天大罪！机会有是有，但你真能保证，每一次的犯错都能来得及补救吗？

不管是出入职场，还是陪伴在亲人身边，你当然都希望自己能够最好地处理所有的事情。可是，你真能做到吗？

我想说，请对重视你的人，文明一点。更不要把自己看得太重要。如果你多次对一个朋友出言不逊，难免会对彼此感情造成损害。一旦，你的脾气是一而再，再而三……朋友，可能也就没了。

之前有个朋友在 QQ 空间做了一个试验：

2015 年某月某日，她在 QQ 空间发表了一条说说。内容大概是，自己被骗了两三千块钱。然后希望朋友可以借两三百给她急用。半天之后，她发现说说的下面，铺满了评论。虽然，没有一个朋友真的借她钱，但评论全是慰问和关心。

终于，她统一回复了，并说明了理由。

能被你骗的人，全是相信你的人。

其实，用语言骗人和用脾气伤人的道理，是一样的。既然能被你骗的人，全是相信你的人，那么能被你脾气伤害的，必定也是真正关心或认同你的重要性的朋友。

看完了，有什么想法没？

如果可以，请为了身边最亲最难得的人，收敛自己。

拒绝不安，
敢于接受

为什么，你这么努力，内心却依然不安？

已经在路上的我们，为什么还要走得不够踏实？

努力再没结果，也不能选择黯然退场。

不要让自己活成你讨厌的样子，管好你容易被外界吸引的眼睛，闭上你什么都想搭几句的嘴巴，静下心来，你现在想的以后都会有。

A

前段时间，我换了一份新工作。新公司的待遇很高啊，而且是阳光企业。还没毕业，我就听过以华为为代表的阳光企业。据说，这类企业，员工能实现一年买车、三年买房的美梦。当我接受新公司第九十九期新职员入职培训的时候，真是被我们企业文化的课程惊呆了。就算你在年末之前已经离职了，公司也会颁发相应的年终奖给你。

在我以为是最棒、最美的这段时期，一个我最关心的朋友，小方，她的情况却非常糟糕。SEM的竞价操作，她怎么也做不来。不是大学的计算机专业课程没学好，而是进行竞价的企业真的太多了。她刚将产品操作上去了，一两个小时之后就被别人依靠技术霸占了。

企业，要的是结果。据说这也叫结果导向的团队工作观。

我跟小方是同一年毕业的。说实话，在我毕业的第一年，因为是差不多七月份毕业，而且入职的公司还不满一年，所以那次我拿不到年终奖。同理，小方也有一样的遭遇。

在我入职新公司之后，我偶尔在朋友圈上传的动态，无不让小方羡慕。

公司每周一次的下午茶，有蛋挞、蛋糕、甜点、水果、糖水等；公司还有每月的月度之星颁奖。当我亲眼看见一名获奖职员抽了十多万现金抱在身上接受拍照时，我傻眼了。除了每月、每季度、每年各一次的优秀员工颁奖及抽奖机会，还有总裁办为完成老板心愿，而设下的每年一次公司期权的分发。

每一条与公司制度有关的朋友圈，小方点赞及留言羡慕的概率简直就是百分之一百。

小方也是挺有实力的。作为一名女生，工作很努力。直到某天，小方跟同事闲聊时，无意中发现自己已被这几个同事羡慕了很久。

他们对她说，看你的朋友圈觉得你好棒啊！还有，同事不忘提及的小方按部就班的职场生活。

"谢谢你的肯定，但我知道自己有几斤几两。"小方想这样回答，但碍于对方羡慕的目光，还是选择把话咽了下去。因为她拿我的情况进行对比发现，无论自己付出多大的努力，到手的薪水是能被压榨的始终是会被压榨。好不容易才跟行政要了公司年终奖的计算公式，原来年尾即将到手的年终奖其实也就等于多拿一个月的薪水。

原来，就算她再怎么努力，面对未来还是有点不安。

她微信找我，说她到底应该怎么办？我不是没有回答她，而是我选择了把她的提问留给你们。

不知道你有没有遇到过这个情况，你想一毕业就结婚，可大学生毕业面临的首要问题就是就业；你想毕业以后可以有一份稳定的工作，还可以安家糊口，可却面临工作经验不足而导致的工作做不来的问题；你想工作之余把生活过得很美好，可到手的薪水偶尔还是会被家里的困难花去。

不是努力了，就会有结果；不是努力了，就可以拿到那份应得的；不是努力了，以后就不会再有困难。是社会的残酷，在一而再，再而三地将我们通过努力终于积攒下来的美好逐一打破。

每当努力着的我们，面对恍如星空一般未知的未来，心里始终存在躁动的不安。

到底，后来的我们应该何去何从？

到底，后来的我们应该怎么办？

无论你现在是什么状况，其实都可以安下心来。因为我们都拥有同样宝贵的资源——时间。时间，最好用在自我增值的板块上面。

谁愿意成为那种混吃等死的人，甚至有人将不思进取的标签贴在他们身上，估计他们也是极不乐意的。不能一直把享乐作为自己的人生追求。不知道你认不认同，人生除了享乐以外，就真的没有别的事了吗？

古罗马，便是典型的享乐社会。在那里，嫖娼是合法的。每日除了吃喝玩乐，便再无其他主题了。结果古罗马变成了历史的尘埃。

看脸的社会，拼的不仅是智商，还有努力、竞争。如果相信永无止境的享乐生活能够给你带来一个美好又稳定的未来，我想抱歉地说一句，组成你生命的内容，不能全是享乐。

B

故事里，小方的同事羡慕她，而在这基础上，小方对我又十分羡慕。而这一切，全是因为我们发在朋友圈的动态，能让人艳羡不已。久而久之，你成了别人眼中负责搭建美好生活的绚烂彩虹。

其实我想说，朋友圈从某种程度上来讲不过是一种假象。它掩饰着虚伪的自己，还有足够将自己包装成无比光鲜的能力。当以一身金光闪闪的姿态出现在别人屏幕时，其实你的内心已被虚荣砸得腐败不堪。

你能看到的都是别人想让你看到的。所以，生活给你的面子，是你可以拿来炫耀的装扮。别人羡慕小方，没准也是因为别人知道自己的生活，所以才存在了羡慕他人生活的可能。小方，也因为知道自己几斤几两，所以才有羡慕我的想法。

其实，我根本没有能将未来拿捏得当的能力。能过得比一些失败的人更好，主要是因为我从不妄图称赞那些对我遥不可及的未来。因为我了解图书市场，而且拿得出一定的写作基础，所以对出书的未来才有资格表示可观。

如果你不漂亮，可偏偏还想嫁给高富帅。这想法，虽然不太现实，但可以试一下，可能性还是有点的。

但如果你很胖、很矮，黑脸上还很多油，而且很不时尚，可偏偏你还想嫁给高富帅，这时候我还是建议你看看心理医生吧！

越努力的我们，越应该拒绝不安。

已经在路上的我们，为什么还要走得不够踏实？是步伐不够稳健，还是内心不够强大？

掺满 α、β 这些未知参数的未来，虽然让人捉摸不定。但预感困难到来时，不如别把心思搞得复杂了。

简单，在这时候会更好。

保持平稳的步调，并维持努力，随之静静地感受岁月带来的静好，现世带来的安稳。然后再来几次意外，才终究铺成脚下一路走来的泥泞。

我们，都理解世事无常。因为任何人的努力，都未必能达到预期的结果。

当失败的脚步声离我们越来越近，害怕的人会进行潜意识的逃避。这种在山林中拒绝野兽的山野狂奔，其实是在逐步降低我们都市生活的档次。

越大的城市，越伴随着更残酷的竞争。竞争不过，你就举起投降的白旗？我知道，这不是真正的你。因为，没有人会喜欢习惯放弃的自己。

在拒绝不安并维持努力的现状时，不如放开思维，勇于进行平常我们不敢的想象。

好的爱情，
可以让彼此成为更好的人

满分是 100 分，不经意间给自己的爱情估了个分："好假呀，居然才 45 分！"

毫无疑问，你的爱情，很可能只是在浪费自己，而且毫无价值。

A

问一个问题，你会不会跟你朋友说，你跟另一半已经同居了？

刚住一起时，他俩租的是一个小单间。

吃完饭，她爱躺在沙发上或者床上玩手机，刷朋友圈，逛淘宝。眼镜度数越来越高，身上的肥肉越堆越多。人也是消极颓废爱抱怨的，容易羡慕、嫉妒别人的幸福，容易陷入房子等物欲的黑洞而不自知。

他吃完饭呢，休息好就去河边跑步，回来就在电脑桌上敲敲打打，画图、编程序等。幸好他比较能忍耐她的懒惰、颓靡、妇人之见，不然就真的分手了。

可后来就不一样了。他觉得再这样搞下去，这日子就真的看不到未来了。早晚有一天不是眼镜度数爆表，就是体重秤数字爆表。工作之余玩玩手机，是她最为依赖的生活常态。

他跟她不一样，他天天跑步。天天都处于鸡血状态的他，对她的影响特别大。先是让她意识到自己的浅薄、无趣后，并让她看了一些书，成功地让她发现这世上还有好多想学、想看的，这完全就是进入了一个未知的世界的节奏。

而且，除了她以前的交际圈子之外，才发现原来有好多优秀的人。他们早就明白了追寻梦想的乐趣，他们很清楚什么是自己想要的生活，想成为什么样的人。为此，她备受鼓舞与振奋，开始疯狂看书，恶补以前落下的东西。

她学习各种想学的东西，比如理财、游泳、手鼓，提升生活的品质。他开始试着跟别人沟通，即便是争执。她最近开始了早起与夜跑。

这个改变，他一直都有监督并看在眼里的。他不止一次鼓励她、表扬她，她变得更加乐观、积极，变得更好了。他也会不自觉地表达对她的爱。而且，他好像也受到她的影响，开始一起早起、吃早餐，晚上他们一起跑步、学习。互相影响的状态，彼此都非常享受。

有时，他们一起在客厅，他霸占餐桌，她就霸占茶几，各自敲打自己的电脑，彼此做自己手头的事情。他有时看学习视频傻笑，她偶尔递过来一杯水，打个趣。

有时，她放着音乐坐在书架前的垫子上看书，他在客厅接着敲打电脑。

有时，她坐在床上学着冥想，他进房间看到她的样子，唱起大悲咒害得她"破功"。

这种种感觉前所未有，而且很棒，很享受。

现在，她算明白了，他们结婚，并不意味着他要养她，对她的幸福负责。而她也不是非要事事管他，像个老妈子一样的一头扎进繁杂的家务与唠叨。彼此从很好的同居生活，走上更好的婚姻生活。

好的生活从来都是来之不易的。能创造更好生活的更好的自己，是来之不易的。能让彼此成为更好的自己的爱情，更来之不易。

好的爱情，可以让彼此成为更好的人。

如果一个人越来越好，另一个人只是仰着头去望着对方，而差距越来越大，那么慢慢地两个人的共同话题只会越来越少，距离越来越远。

直到二人的差距太远的时候，可能有一天，他会对你说：

"你太幼稚了，我们不适合。"

"我们之间有代沟了，没法交流沟通，怎么过？"

"你根本不能理解我！"

如此，因为彼此的差距而造就彼此的疏离，爱情可能被一冲即散。

突然，想起了男女相加为1的准则。不管如何定义，和一直为1："你靠得我近了，我可能会稍微远离你一点；你离得我远了，我会靠近你一点。"

所以，为了这份爱，不能只有他在变得更加优秀，自己在私底下还要更加努力才好。

B

为了配得起将来会遇到的某个优秀的他，你提升自己而所付出的努力，真正的目的并不是名和利，这只是随之而来的身外之物。最重要的，是通过自己的努力，实现自我价值，得到他人的尊重。这样的你，自我的快乐感、幸福感和一般的女人是不一样的，这是基于自信和成就感之上的快乐和幸福。

虽然，这么努力的你不一定成功，但只要相信努力的意义，成功和变好的可能性就会大幅度增加。而这带着未知变量的可能性，就足以让你拼命去争取了。

也许富二代一辈子不愁吃喝，不愁各种菜类的价格，但你不一样。努力之后，也许你还是无法吃上山珍海味。但最起码，能让你经常吃上自己喜欢的食物，而不仅仅是为了填饱肚子，去完成一场身体能量的补给任务。

可能富二代出门都在考虑开哪一辆跑车，可你不一样。你出门不是挤地铁，就是挤公交。早上挤，晚上挤。周一挤完，周二还要挤。

有一天，你加班了，然后错过了最后一班地铁和最后一趟公交。你气得直跺脚，恨不得直接睡在公司。你想打个出租车回去，但是又舍不得。因为，打个出租车的花费，几乎要接近半天的工资了。最后，你骑了一辆共享单车，顶着夜晚的寒风，从市中心一路骑回到城中村。到家洗漱完后，已是凌晨一两点。

可能你努力了一辈子，也买不上一辆跑车。但你完全可以通过自身的努力，让薪水变得更高。这样，就能在累得像狗的时候，毫不犹豫地打个车回家。在车内，你放下疲惫的身躯，望着车窗外城市夜晚的灯火辉煌，感叹着一天的结束。最后在安静的片刻休息中，早早到家。

累了，没办法，必须要休息。家，是一个很好的地方。曾经，你的家孕育了你的第一个梦想。那时候你还小，可能只是，小的时候老师问过你的一句话，你才诞生了自己最初的梦想："你长大之后，想当什么？"

也许，现在想起这些，你会觉得好遥远。且如今的努力，也只是为了另一个梦。

但请你不要忘记：你曾经有个梦想，是失败的。

或者说，一直以来，你都是失败的。连第一个梦想都实现不起，第二个梦想还谈何努力。可是，现实依然逼迫年轻的我们，依然追逐后来的第二个梦想，第三个梦想，甚至第四个梦想。只是我们很少会承认自己曾经是一个失败的人。

有人说，每个看透人生百态的人，内心深处都藏着一个永远不可能实现的梦想。

他们觉得，梦想只属于小孩子，在成年人的世界里，只存在利与弊，得与失。梦想这东西，要是从一个成年人的嘴巴里说出来，就会给人当笑话。

我想用晚情姐的一句话来反驳：被人嘲笑的梦想才有拼命实现的价值，我们无法选择自己的出身，但是我们的努力在很大程度上决定了我们的生存状态。

如果梦想真有那么容易实现，那它就不再宝贵和难以触及了。

只要努力还没有被完全扼杀，只要努力还在心中，只要你敢说你还有一个未能实现的梦想，同时你也承认曾经的自己，是失败的。那你就会以上一次的失败为警惕，以比上次更大的努力，缩短自己与下一个目标之间的距离。

也许需要比较长的时间，但是请不要老是自我否定。人一生也就活一次，不搏一把，你怎么知道自己不行？

你看一下他，他曾经为了跟你在一起，不仅选择了提起勇气对你进行告白，还承担着可能与你连朋友都称不上的风险，突然冒昧地牵着你的手。他，跟你在一起了。对他来说，他已经很成功了。这何尝不是他被你改变之后成功让自己更优秀的例子。

你还是有点担心？怕现在的自己始终是比不上他？

可以，你可以选择输，但至少你要输个此生无憾吧？

如果，下一次还有人嘲笑你跟他的爱情，请你就这么告诉她："谢谢你的嘲笑，我跟他在一起了，我已经很成功了。不过，我还需要更加优秀。还要变得更有价值。"

之后，剩下的，时间全会给你们。

你很爱他，

不想因为钱而离开他。

这就是你努力的理由。

第七章

靠谁都不好，

靠自己最好

事不能拖，
话不能多

　　我曾经很相信一句名言：人拖着拖着就老了，事拖着拖着就黄了。

　　但在今天，想起自己曾经一路高歌的模样，更加羡慕那些把事情拖着，却又干得漂亮的人。首先，他的话不多，原来只要把废话的时间抽出来，干大事的时间就更多了。

A

　　有个朋友进了一家很好的公司，待遇很高，岗位是编辑专员。公司比较大，同岗的编辑非常多。大家不仅工作心得差不多，连工作内容也差不多，在空闲的时候自然就无话不谈。可能是因为妒忌，她看不起一些比她漂亮的又自以为漂亮可以赚钱的同事，因此有的时候言论对部分女生稍有得罪。

刚入职的她，每天的工作还需要领导分配。有时候工作上不了手，又不得不向同事请教一下。不请教还好，一请教就出事了。

那一阵子，公司有个女策划，很年轻，九三年出生的，居然跟一个富二代谈婚论嫁了。那几天，他们的别墅婚房的装修迎来尾声。熟悉她的同事随之议论起来：那么巧，我朋友在茶水间听说了这事，巴不得马上过去跟她绝交；真是看走眼了，常日里经常说别人坏话，还喜欢让别的男生替她完成工作，这么不努力的人，居然因为一张很普通的脸和凹凸无致的身材就嫁入豪门。

女生，妒忌心很重。明明自己的姿色比她好很多，可为什么她不努力却可以嫁给拥有一套别墅的人？朋友自然就跟同岗的编辑议论了一下这个事情。据朋友辩解，那根本就不是议论，而且没有任何难听的话存在。可同岗的编辑却将跟她的聊天记录，发到领导那里投诉，还宣称这是一种背后议论他人导致谣言产生的祸害。不过是个聊天记录而已，大家都是撰稿维生的何必赶尽杀绝呢？

实在是太不想丢了这份工作，她被领导训斥的那两天压力很大。心不在焉的，工作都做不好。她以为领导会体谅自己是个女生，工作暂时拖个两三天估计是没问题的。可终究，她还是被劝离职了。

她虽然很好，但女生的妒忌心的确比较重。这似乎是性别的安排。

你又努力又艰难的时候，别人只顾着一个劲地去度假。不仅朋友圈全是比基尼的美照，还有豆瓣、微博，全都铺满那次旅程。那一个比一个惬意，一个比一个舒服，没在现场的你也只能当一次照片的观众。那个羡慕妒忌啊，真是巴不得说她几句坏话。

这时候，就出事啦。说别人的坏话，就是在别人的背后进行不太妥当的评价。

听说，妒忌是最恶劣的缺点。但我不太认同。

就算你曾经真的妒忌过别人，你也存在吸引力足够强的优点。这点，毋庸置疑。

因此，我们的确是需要将一些心底话好好憋在心里。然后，找一个值得相信的人，在对的时间，进行必要的解气。

就算从不努力的人跟你借钱，你不肯借时也得顾及对方的情绪。

就算别人再胖再难看，让你评价她的外表时你也得说得挺漂亮的。

我一直相信，多做事少说话的男人比较成熟。尤其是在他专注的时候，一直是最迷人的。

话如果少了，祸害找上门的机会也就少了。我也相信平常啰唆的女生不会轻易惹祸上身，但如果情绪真的来了，谁也无法保证你能让自己从这个事情中全身而退。

旁观者清，当局者迷。

外界的事情，自有外界的自我调节。

当一个人十分过度地纵容自己，麻烦自然会找上门来。

人生，应该一直存在真诚。

那种从容的乐观，胜过漫山遍野的花海。你想想，当你置身在一片坦荡的花海里，真感觉不到世界对你的那种任何事情都会雨过天晴的诚恳吗？

B

你嫁得再好，也只是他在变得优秀。而你呢，始终还是原来的你。曾经，我对自己说，我虽然赚了很多的钱，但其实，我还是原来的我。说白了，现在的我跟之前贫困的我根本就没什么两样，只是兜里的钱多了。然后别人因为这些钱而认为我不一样了。

就算，你实现了作家的梦想，可真正的你，说白了其实就是没当作家之前的你。

所以，你就是你。你完全没必要关心一些完全与你无关的事。

顾着自己的工作，做好，就可以了。

顾着心里的他，惦记着，就可以了。

千万不要因为话多，而丢掉纯真的自我。那些不该说的，千万别说啊！

千万不要把事情拖着，还以为事情耽搁着，不会给自己带来什么难处。

不是麻烦不来找你，而是麻烦没到最严重的时候你压根就感受不到它的存在。

你的鞋带，松绑了拖着可能没什么。但运气不好的话，可能就真踩着了鞋带而绊倒在路下。

说好的八点见，可你出发之前拖拖拉拉的，事情就黄了。

我们，已经不能再错过任何的人和事了。贵人和机遇那么难得，不知道你还忍不忍心再一次错过。

你要记住，你一定要活得跟毒品一样，要么不能被放弃，要么是他惹不起。类似毒鸡汤的激励，说实在的根据需求多少都要有点。等你气色很好，打扮得体，身边的那点小事情你还会在意吗？等你工作干得很漂亮，说话又有底气的时候，你还会在别人面前把事情拖到黄为止吗？

如果你在别人眼中是一个重量级的存在，而且钱包里全是钞票，你就会恍然大悟。

原来曾经的自己，是因患得患失而导致不好的话太多了。

原来曾经的自己，是因为猜东猜西而把事情拖黄了。

范冰冰曾经在一个节目访谈里说过，她每天敷一张好面膜。一年的三百六十五天里，她天天敷，没有一天落下，今天才有美上天的资本。然而，关键不是范冰冰用的是什么面膜效果那么好，而是范冰冰从不将敷面膜的事情拖着。

今天上午比较忙，面膜还是中午才敷吧。

中午太热了，就算敷了面膜出汗的时候还是会将面膜的精华呼出来。

终于到了下午，可又累得没有变美丽的心情。还是晚上敷吧。

虽然不知道你最终能不能在一天里成功地敷上一次面膜，但我想范冰冰绝对不会将这么重要的事情拖拖拉拉地完成。这些自律的姑娘，在皮肤上的保养估计从不省事。

这，进行旁观的你愿意相信吗？

曾经的疯狂，
让按部就班的努力更加精神

　　我的一生，最让我感到无法理解的一件事，就是爱因斯坦的发型。真想研发一个时光机，然后跑到爱因斯坦还没去世的时间段找到他真人问问他：老头，你这头是咋弄出来的……

　　虽然我至今依然难以理解，但据报道介绍，爱因斯坦面对那些或惊或喜地望着他的众多眼神，依然能够谈笑自若。这也是我最佩服的。想必，曾经的疯狂，使爱因斯坦在日后枯燥的实验操作中，更加努力。

A

　　有个朋友，是做代购的，之前一直是一个品牌商的导购员。导购员的工作，涉及分销，而且利润薄，还没有底薪。因此她在任导购员的期间，一直在外旅游。

省内旅游，去过中国第一滩、浪漫海岸、罗浮山、世界之窗、广州塔……

省外的，去过桂林山水、昆明、大理、丽江……

我曾经不解地问她，你旅游的频率为什么这么高，而且全是"穷游"。

关键，她是"穷游"啊！在我想象中，旅游回来的美女，全是拖着一个时尚精致的行李箱，然后在机场的会客大厅踏着又高又漂亮的高跟鞋，穿着又短又晒身材的超短裙，风姿绰约地吸引了很多人的眼睛。

唯独，她的情况跟上了档次的美女不一样。每次全是精神饱满地出去，然后像个小乞丐一样回来。

有时候旅游，麻烦事挺多。口渴，找不到买水的店面；旅馆，价格高可装修却不精致；天气太热，晒得跟狗一样。

可是她，目光依然坚定："如果现在不疯狂，等到了不得不为生活无奈的时候就没机会疯狂了。"

在我大学毕业的时候，终于面临了就业的压力。幸好，当时我进入了一家台湾的著名企业，是开设在中国大陆的运营总部和生产总基地。我们公司，很大、很漂亮。产业园、办公楼、宿舍楼、运动场、食堂，很是齐全。好像，我的遭遇总是比别人好。而她在那时也终于明白，导购员的分销利润着实跟不上代购的提成。

譬如，海外代购，是通过旅游的方式，抵达目的地。然后通过微信、支付宝收到朋友或客户的钱，帮他们买。这种无本生利，又叠加适当利润的代购工作，她非常满意。原来，英语不好在海外根本不要紧。

这些年，她一直努力着。

你的人生，仿佛由众多谜团构成，难以解答。即便是你亲自出手，也不一定能够平安地越过千沟万壑。

所以，我们不能一生只听同一种风格的歌。抒情、慢摇、治愈、嘻哈，都应该有你的足迹。

人生的乐趣，不能只有在家永远乖巧的沉默。小脾气、野蛮，本都应该是你生活的风格。当你浓墨重彩地大肆报道，将自己近乎癫狂的兴趣爱好丰富地口述一次。我想，听者在某一个刹那会把你的生活想象出来。如果你的爱好并没融入你的生活，这就另当别论了。再说，对人生与爱好没有癫狂的追求，何以领悟爱好对人生的价值。

会议里，如果有重要的领导坐在长桌的另一边，站起来说话的你应该要有属于自己的特色，不能只是千篇一律。人家汇报过的工作内容，你依次麻木又迅速地将其口述一遍，领导又怎能在过百名员工里记得住你？

依我说，一个人一定要体验一次蹦极。你没试过真正的癫狂，怎么感受一次人生的色彩狂欢？你如果还是不愿尝试，一路循规蹈矩的，你丰富的青春可能会稍显黯淡；你职场的工作生涯，也许在你人生的尾声时顶多只是一部黑白影片；你认为真挚又震撼的爱情故事，甚至根本就不值一提。

你呢？还在等什么。

来一次蹦极，你，敢不敢？

B

你一直关注着一个同事，总觉得她跟你很像。你俩都那么努力，又那么优秀。可某天之后，你才发现了区别。

大学毕业之后，大家都奋斗了几年。两人的工作，在公司都有足够的口碑了。然而，她频频请假，而你依然忘了请假条是什么样子的。

当你依旧在公司工作，她却认为自己混得已经很不错了，终于可以来一次说走就走的旅行。

当你依旧还在公司按时到岗，她却再一次去了一趟一直都没敢去的地方。

当你依旧还是选择了上班，她却又一次地选择了旅行，还尝了各色的地道美食。

假设，这时候某个领导岗空缺，依照惯例总经理要晋升一名优秀的又有足够口碑的人。你想，会是什么结果？其实，不用我继续讲述故事的结果，你也知道总经理会在这时看上了你。

一直以来，你以为跟她很像。其实，不像。

循规蹈矩的一生，使你少去旅游，少吃美食，少了玩乐，少了一种能够享受世界为什么美好的能力。终于，到了如愿以偿的时候，以为能力有了，工作的口碑有了，她终于可以轻松地享受一下这个世界了。偏偏，频繁地提交请假条，反而在最关键的时候失策了。

你呢，情况跟她不一样。拥有过癫狂的青春，并发过奋斗的毅力，尝试过各地的美食，享受过任意的玩乐。人生，还没留下过任何类似的遗憾。终于，没有遗憾的你，可以踏踏实实地埋头工作，步入按部就班的职场生活。

曾经的名将项羽，在面对韩信刚刚起势的战役时，让旗下的众将士务必写下一封战死沙场之后会送到各自家乡里的书信。他还在某次战役中夸下海口，会动用部分军资解决他们各自想做的事情，务必做到此生不留遗憾，到了沙场放手拼搏。

人生不能留有遗憾。

如此残酷的现实，让我们不得不提前疯狂。日后不断将枯燥重复一遍的求生存生活，都在迫使我们回味从前的色彩人生。

想吃好多好多好多好吃的？

想去好多好多好多好地儿？

想买好多好多好多好衣服？

……

这些难得的蠢蠢欲动，不能只是人生里的遗憾。

不知道你有没有想过，有遗憾又有所挂念，会对你是否能够放手去干，产生足够的负面影响。都说家和万事兴，如果家里烦恼很多，你工作的积极性想必受到了影响；都说想买就早点下手，等到使用上班时间逛天猫、淘宝，时间又浪费掉了；都说很想去心目中渴望的地方，可那个地儿终究还是成了远方。

人生，一年一年的看似没有尽头，所幸岁月过得是分分秒秒的慢。很想，静立在暖暖的阳光里，听降央卓玛的歌，听那温暖而苍凉的旋律，如泣如诉，漫过耳鼓，心，就在顷刻间涌满淡淡的感动与忧伤。

　　不知道人生有多少个瞬间，在回眸顾频频时，才在茫茫然中发现，至今的确是两手空空的。

　　年少时，拿不出三好学生的称号。

　　青春时，绘不成青春该有的癫狂。

　　青年时，缺少了闯荡社会的魄力。

　　年迈时，闯不出可歌可泣的事业。

　　老来时，匮乏"想当年"的谈资。

　　如此度过一生，不能成为你失败的理由。

　　你呢，怎么看？

靠谁都不好，
靠自己最好

你为什么一定要靠自己？

理由其实很简单，因为你成长的速度，必须要超过父母老去的速度。

如果你反问，女孩子，哪里用得着这么拼？我只能回答，不努力的女人，只有逛不完的菜市场和穿不完的地摊货。

所以，你一定要向你身边的女生学习。

因为你身边的女生，一定会有些很优秀、很努力的，看起来还永远充满干劲。

A

女人对待自己的感情生活经常虚张声势。小艾就是这样。

　　小艾通过一家互联网的婚恋公司，参加过一场很大的相亲会。不过找对象这事，容易演变成人看人。

　　这些，都是小艾在上次相亲会里的感慨。亲也相了，人也看了。单身的日子，还是要继续。

　　但小艾的情况比较不一样。她一个人的时候，会自己安排行程，能完全按着自己的想法去做一切想做而又能做的事情。在想要人来陪的时候，可以找朋友、死党、闺蜜。单身的人其实从来不是孤身侠客。

　　一个人，可以为自己奉上一桌色香味俱全的丰富晚餐。

　　可以为了一个兴致而去专业的培训班学习。

　　可以在周末的书吧里坐上一整个上午。

　　可以花费一整天的时间烘焙出各种饼干点心分给朋友们享用。

　　可以去健身房练练肌肉块。

　　可以叫上几个好哥们喝点小酒……

　　曾经，你还告诉自己：幸福，总会来。你等待的同时，也有个人一直在等你。只是你们还没有等到相遇的那一刻。这种自信的心态，会让你快乐起来。你不会因为生病了而没人递来一杯水而沮丧，不会因为下雨了没人送伞而悲伤，更不会因为吃晚饭时的孤单而落泪。

这个时候，我们可以制订一个健身计划。晨起跑步、徒步或慢跑，还是每周两次的器械运动，或是锻炼柔韧性的瑜伽。不要忘了，电视机前的室内健美操效果也很好。节假日呢，可以到海边或泳池游泳。这种全身性的有氧运动，对身体非常好。

简言之，总有一种体育项目是你喜欢的满意的。

在制订短期计划后，一一去实现它们。

唯有读书和运动不能辜负，这是实践告诉我们的道理。

还有不能辜负的，是自己一个人的时候，曾搀扶过自己一把的人。这样的人，我们不能忘记。做人，感恩也很重要。

有人说，世上有两样东西不能直视，一是太阳，另外一个是人心。直视太阳可能会伤了你的眼睛。而直视人心，可能会伤了你的心。

你是一个人呀，被别人伤心了，又无从诉说，无从依靠。所以，你干吗不靠自己？你不靠自己的话，又能靠谁？想想自己，想要实现什么，想得到什么结果。

看懂了一些事情，一个人的时候才能长大。

看透了一些事情，一个人的时候才能成熟。

看淡了一些事情，一个人的时候才能放下。

一个人的时候，什么都可以舍弃，但不可以舍弃内心的真诚；一个人的时候，什么都可以输掉，但不可以输掉自己的良心。

走过的路，才知道有长有短；遇过的事，才知道有悲有喜；遇到的人，才知道有真有假。

所以，人生有尺，做人有度。一个人的时候，要多几分想法，多几次行动。

B

女生常常对自己的感情生活虚张声势，却对外声称自己想要尽快结束单身生活。这种迫切寻找属于自己的幸福，只是碰到的追求者会不适应，然后拒绝。她们在爱情的选择方面，会有宁缺毋滥的意志。

这种守住底线的坚持，常常被世人歌颂。

所以，我们不要把每一件事都想象得完美无缺，也不要在鸡蛋里挑骨头。爱情也很少存在完美的状态。想要遇到一个令自己没有遗憾的人，也许真的只有单身状态的时候。

在生活方面，你应该把自己精致起来。业余时间给自己充点电，多学习一些想要掌握的技能，英语、插花、烹饪、烘焙……在学成之后，获得的并不仅有成就感，还提高了自己对未来的信心。

人生在世，谁不辛苦？越优秀的你，越是另一半的幸运。想过没有，在你遇到另一半的时候，如果他认为你是在高攀他，那你岂不是哑巴吃黄连了。你那么差，他那么优秀，即使牵上了手，在别人眼中也会认为你们之间存在某种隔阂。

熟悉的朋友一看到你们，什么郎才女貌啊天生一对啊，别人是不会这样说的。因为很差的你，跟他真的太不搭了。

所以，为了遇见更好的他，还要让他因为遇见你而蒙上幸运，你只有为此不断地努力。

有时间的时候，背起行囊，在行万里路的旅途中，你会发现世界这么大，而被关起来的自己是多么渺小。自己的那些消极的小心思，根本就不足以挂在嘴边。

独处的时候，不要总认为单身的自己有多可怜。其实你要知道，比起很多的人，你已经很幸福了。至少你拥有了一份可以保证衣食无忧的工作，一个可以陪伴你晨起晨落的小床，还有爱你的爸妈、关心你的朋友。

别人拥有的你都有。别人没有的，你可能也就有了。不要认为，没有爱人，你就失去了整个世界。

爱情，不可能因为你的某些情绪，而突然驾到。

爱情，它是来，还是不来，也不可能因为你的一句话而随叫随到。

什么才叫爱情？估计没有人可以解释。唯一能解释的，并能保证说法是正确的，是"一个人，也有精彩"。而能否领悟只属于自己的精彩，看只属于自己的你，会用什么样的方法对待单身的状态。

一个人的时候，洁身自好，努力地成就为更优秀的自己。

目的，即是希望另一半来临的时候，不会因为自己的不够好，或是差了那么一点，而拉开彼此的差距。两个人生活，你要随时准备好。

又高又漂亮的高跟鞋、成熟的想法、靓丽的装扮、温文尔雅的谈吐，会让因为单身而更懂得如何把日子过得更好的你，在即将到来的日子里认真经营自己的婚姻和爱情。这些，对有备而来的你，不算难事。

难的，是你是否能够明白，单身，为什么会有伤害？

爱情，
是为了你一退再退

你从什么时候开始喜欢上了一个人？

你会觉得他什么都好，也始终比别人的男朋友好。

你越来越喜欢他，你想自己能够为他做些什么。无论做些什么都愿意，只要因此能够成为他生命的一部分，或者只要能够看到他开心，看到他快乐，看到他幸福。

于是，你开始在他看不到的地方做出努力。

A

我非常喜欢《失恋 33 天》里面讲述的爱情。

我印象最深刻的，是女主角黄小仙说话真的太刻薄了。真的，如果给我遇到这样的一个女朋友，直接就分手。幸好，黄小仙不是我的女朋友。也难怪，陆然在电影展开的第一个剧情里，就跟黄小仙分手了。原因始终还是一个，因为她说话真的太刻薄了。

故事的结局，我做梦也没有想到，黄小仙居然会喜欢那个娘娘腔王一扬。如果我是一名女生，给我挑，我死活也不会挑上一名娘娘腔。这也不打紧，关键是王一扬的个头较矮，颜值没有半点味道。

一件 T 恤，简单却又成熟的模样，让王一扬成功吸引了黄小仙。然后又一盛大的爱情告白典礼，在黑夜的大楼边上演。

电影快完结的时候，我看到的，更多的是王一扬忍让黄小仙：俩人虽然有斗嘴的情况，但最后始终是王一扬选择了服从；俩人黏在一起虽然都对彼此很有意见，但文章始终以好话说尽的模样对待小仙。最让我不能忘记的是，在陆然结婚的时候，王一扬充当了小仙的男朋友，还当场花了心思引陆然上当。才有了小仙成功解气的最潇洒的一刻。

由故事的开头到结尾，黄小仙在陆然的心中始终是一名非常差的女生。这让我想起曾经的一个很漂亮的女朋友，引起了我作为观影者的共鸣。说真的，如果我是陆然，我肯定会做出跟陆然一模一样的决定——跟黄小仙分手！

《失恋 33 天》的故事，代表的仿佛是大众女生的爱情。这些所有的所有，源于你非常喜欢的他。

　　你，为他留起了长发，为他收敛了性格，为了他改变了习惯，甚至为了他放弃了原本很想得到的东西或是梦想。

　　你，留意他说的每一句话，还要为他说的每一句话所妥协。

　　你，变得越来越不像你自己，最终连你也认不出自己。

　　你，做这么多事情，不是有谁逼迫你，也不是因为有什么好处。而是因为你喜欢他，喜欢到，他好像不是人，而是神！他的灵魂，他的所有，像天空一样摇撼了你的整个世界，仿佛是世界上最耀眼最绚丽的光芒。也许正是如此，男神的称呼才席卷往每个女生的口中。

　　在一场漫长近乎永无止境的悲伤中，你曾经失去过所有，皆因他所说的一句分手。

　　在一场漫长近乎永无止境的甜蜜中，你曾经好像得到了世界，也因为他随口所说的一句甜言蜜语。

　　从第一次见面的时候，你跳动的心，从什么时候开始只为他搏动？你明媚的双眸，从什么时候开始只为他寻觅？你雪白的肌肤，从什么时候开始只为取悦他？

　　其实，普通的人，才是他的真面目。

　　不止如此，你还知道了你们原本只是这世上互不相干的人，就算在一起了，你的情绪也可能影响不了他，你的事情也可能动摇不了他，你好不好、开心不开心，他也并不放在心上。

一旦经过了爱，就对彼此有着不可推卸的责任。

一方要毫无所求地为另一方付出，这不是天理……

最后的最后，经过了这么多风景的你，最后才领悟，原来爱情不是纵身跃入，不是罔顾一切，而是为了他一退再退。

有人说这世上会有一个人让你觉得，遇见他已经花光了一辈子的运气。但其实，如果遇到了真正好的那个人，你会觉得他给你带来了更多的好运气。

B

你有为爱情努力过吗？

就是拼了命想抓住一份感情的时候，就是哪怕整个世界没人看好这段感情的时候，就是哪怕所有的人对你的努力都嗤之以鼻、觉得你是自寻烦恼、庸人自扰、自讨苦吃的时候，就是哪怕自己伤痕累累却还是咬着牙说不累的时候，你有这样为一段爱情努力过吗？

很多人都会有，对吗？

如果我爱你，而你也恰好爱我，那么我们就会像磁铁一样彼此吸引。谁也不用费力讨好，谁也不用祈求挽留，谁也不用拼命追赶，谁也不用卑微妥协。

一切都是刚刚好！

可是，我们很少有人能遇见这样的刚刚好。大多数情况下，我们总是要爱错几个人……后来，我们回想起自己为一份爱情而抛去自尊，选择的样子，却只剩下了对那段时光和那段感情的唏嘘。

也有人说，爱情，是这个世界上最不公平的事情。你没有方向努力，没有办法加油，也没有办法去强迫，也没用说服对方用同样的爱来回报你。

大概深爱过的人，都会让人领悟爱情这般的无奈。

我们都是在爱情里打拼过的男女。

都这把年岁了，谁还没爱过几个人？谁还没动过几次情？

有人情深，有人情浅，不过成年人也真是好笑，爱到最后都变成了世故。

大家在一次次受伤、一次次失望、一次次失去之后，爱情就成了自己和自己的一场较量。

所以，当你陷得太深的时候，应该时刻提醒着自己，不要去爱别人，不要再付出真心。遇见心动的人，也只会说：他很好，是很好，可是算了吧。

因为害怕重蹈覆辙，就对爱情避而不见。

因为你的疼痛和疯癫，他都看不见。

可毕竟，这种因噎废食，只能躲过一时。

我们明明都爱得那么努力，为什么到头来还是一无所有？

为什么爱情不能成为，一件如同工作、生活、学习那样努力就会有收获的事情？

可能，我们把理解的东西搞错了。

包容，理解为妥协；磨合，理解为改变。甚至把自己的委曲求全和努力化成正比。所以她们就不停地依照对方的喜好，来顺应爱情里的说话行事，甚至穿衣走路。也像是没有底线一样，一次次地原谅对方的错误，丝毫不敢去维护自己的个性和坚持。这种连世界的中心都只在对方身上的爱情，根本就失去了整体的平衡。

我们，一定要将爱情原本的模样想起来。它是互相吸引、互相成熟的过程。要么互补得刚刚好，要么步伐一致风雨同舟。互补可以拥抱，同步可以携手，但绝不是一个人无底线地去用包容和妥协来维持。

妥协只会磨掉一个人的棱角，就像打磨一块玉石，到最后面目全非，完全不是原来的你。这样的你，只是失去了个性、失去了自身独有魅力的你。

反过来，当我们爱一个人的时候，最基本的道德就是不要用自己的爱情和妥协试图去绑架对方。这不仅在爱情里是对对方的一种尊重，更是对自己的尊重。经历过妥协给予你的无力感之后，你就该明白，其实在爱情里，你更需要的是让自己变成一个有魅力的人。换句话说，你要尽可能地让自己优秀和有趣。

我们谁都不希望委曲求全地生活一辈子。

遇事不要急躁

有时候吧，脾气真的无法控制，说来就来。但我们每一个人都有一定的自控力，应该有意识地去放宽自己的心态，而不是放纵。

凡事没有捷径，不要太急躁。

A

毕业之后，很多朋友都面临着同样的一个问题——工作。而且，这种问题一般只出现在能力很强、很优秀的人身上。换句话说，很多优秀的朋友，他们每一天的工作，就是他们的生活。

越来越忙碌了！跟我处在一个办公室的同事经常这样感慨。她有个特点，特别爱旅游。但她曾说过：幸好，在毕业之前，她已经让她的青春疯狂了。

后来，收入可观的她，买了一辆豪车。淡黄色的车身，我见过几次，非常耀眼。直到某次乘坐她的车上班时，才看出忙碌给她带来的是急躁的性子。

上班高峰期，过桥。这个时间段自然是堵车的。平时也还能耐着性子，顺着长长的车流，慢慢往前挪。可是，那一天的早上，我们有个早会。因为在同一个部门，我们心里都有点急。

时间一分一分过去，车子还在车流里慢慢爬，心里很是着急。看着桥头排着长长的队，她突然带着侥幸的心理，果断右转，绕道南边两公里的过江隧道。可是，根据我对路线的认知，绕道肯定是错误的！整整两公里啊！我几乎可以预见那一次的上班，还有早会，肯定迟到。如果当时索性在车辆的队伍中，结果很可能就不一样了。

她，始终有点不一样，毕竟是毕业之前疯狂过的人。

虽然这次的故事依旧简单，但肯定的是，大部分有着暴脾气的人，背地里一直受到"忙碌"的驱使。

心情，始终与性情有着极大的联系。而生活，始终贴合着我们的心情。

可能，我们忘了一句：世界上，根本就没有谁可以强迫我们过得如此忙碌。

而忙碌带来的负面结果，往往让我们急于思考，急于下定论，急于开始，又急于结束。

现代社会，节奏越来越快，我们也越来越管不住自己的脾气，收不住自己的性子。

不知道你发现没有，我们身边的人（包括自己），都变得越来越急躁。遇事心急如焚，恨不得马上把事办成。只要有可能的话，甚至连几分钟也不能等。如果由于某种原因而不得不等，等待期间就会心神不宁，如热锅上的蚂蚁。急功近利、急于求成、急不可待……这样终日处在又忙又烦的应急状态中，会让你时刻神经紧绷、鲁莽慌乱。

随之而来的，是你的健康负担不起你焦灼的精神心态。

中国的传统文化，给人的感觉一直是沉稳、含蓄的。这种印象，像是太极拳的心平气和、不急不躁。古人所说的"欲速则不达，见小利则大事不成""小不忍，则乱大谋""三思而后行"等，都在告诫着我们，在日常工作中，做任何一个判断或决策前，一定要综合考虑各方面的因素，轻率、冲动的做法往往会导致意想不到的后果。

急躁败坏的其实是我们的生活。它在降低我们生活质量的同时，还让我们处于一种亚健康的状态。

我们需要的，是一种恬静的心境和一种不切实际的幻想。

工作带不来的快乐，心情能带；生活带不来的快乐，幻想能带。

人生的路，始终在你的脚下。所以，行于路上的你完全用不着步伐匆匆，也用不着急躁不安地对待渴望得到的结果。这种完全不用一门心思去走捷径，反而让我们多了一份耐心。

你想不想尝试一次？这样我们就多一分沉静，多一分踏实，多一分收获的快乐。

B

心情与脾气的形成，总是跟我们的生活息息相关。

你有没有想过，为什么遇事会急躁？

我们应该审视一下自己的生活。

你有没有时常带着美美的心情出去走走拍拍照？

在家整理工作资料的时候，有没有认为这是一种简单或自由？

曾经，你玩王者荣耀的时候，有没有看出这只是一个游戏，而不是你的一生？

有时候，输了，就输了，小事情没必要过于介怀。像那种，输了马上摔键盘的男朋友，是时候让他体会一下简单的心境了；像那种，看见比自己漂亮的女生，总会第一时间给她一声鄙夷的人，是时候让她体会一下慢慢变漂亮的过程了。

遇事不要急躁，稳中求胜，这话永远没错。然而，有的人却不能准确地把控自己遇到突发事件的情绪。这时候，千万要想起这么一句：只要戏演好了，总有一天你是会中头彩的。

什么叫头彩？是别人没有，只有你才有，且就你一人值得拥有的东西。

有大学时代对自己人生的急躁、担忧和迷茫。

有大学毕业时团队的艰难和生死一线。

也有做项目走入歧途的严重亏损，并在痛定思痛之后决意要离开这个行业痛楚……

林林总总的因素，总会将一个看似不能再变的人，再一次地改变。

马云说过：我们没有什么战略，我们就觉得互联网会改变世界的方方面面，我们当初也不知道今天能取得这么大的成功，我们就是傻坚持，我们公司的成员离开了阿里巴巴好像也没有什么更好的机会，一般聪明人早就退出了，只有傻的坚持了下来。

话虽然有点多，但坚信互联网能够改变人们生活的马云，最终还是用淘宝、阿里巴巴和支付宝，改变了我们的生活。

所以更应该相信改变自己的重要性。如果你脾气暴躁，遇事急躁，那你不变也得变。不是因为你的不好而需要改变，而是为了得到更好的自己，才不得不改变。

我们常常需要一些哲理来鞭策自己，其实鞭策完之后世界还会是原来的模样。如果你能将你一生听过的道理，付诸实现。那么，你的一生必定能够实现更多的回报。